浙江省社科联社科普及出版资助项目

食品安全消费攻略

胡卫中 编著

图书在版编目(CIP)数据

食品安全消费攻略 / 胡卫中编著. —杭州 ：浙江工商大学出版社，2014.10(2018.12重印)

ISBN 978-7-5178-0691-2

Ⅰ. ①食… Ⅱ. ①胡… Ⅲ. ①食品安全—基本知识 Ⅳ. ①TS201.6

中国版本图书馆 CIP 数据核字(2014)第 247807 号

食品安全消费攻略

胡卫中 编著

责任编辑 张婷婷
责任校对 丁兴泉
封面设计 王妤驰
责任印制 包建辉
出版发行 浙江工商大学出版社
(杭州市教工路 198 号 邮政编码 310012)
(E-mail:zjgsupress@163.com)
(网址:http://www.zjgsupress.com)
电话:0571-88904980,88831806(传真)
排　　版 杭州朝曦图文设计有限公司
印　　刷 虎彩印艺股份有限公司
开　　本 850mm×1168mm 1/32
印　　张 4.25
字　　数 102 千
版 印 次 2014 年 10 月第 1 版 2018 年12月第 5 次印刷
书　　号 ISBN 978-7-5178-0691-2
定　　价 18.00 元

浙江工商大学出版社营销部邮购电话 0571-88904970

前　言

毫无疑问,这些年来我国的食品安全形势非常严峻。全国各地食品安全事件频繁发生,大米、面粉、蔬菜、鸡鸭、猪肉、豆奶、肉松、火腿、卤制品等消费者每天都在打交道的食品一样接着一样地进入了"有毒食品"的黑名单。食品安全恐慌不时侵袭社会,消费者的食品安全信心丧失殆尽,食品安全成为了全社会持续关注的热点问题。

但事实上,许多食品安全问题的风险被扭曲和夸大了。例如,现在许多消费者谈防腐剂色变,总是希望买到没有防腐剂的"自然食品"。但在国家规定的范围内使用防腐剂是完全安全的,排斥防腐剂才是非常不安全的行为。防腐剂可以有效解决食品加工储存过程中因微生物"侵袭"而变质的问题,而食品变质可能产生世界上最毒的"肉毒素"和最强的致癌物质"黄曲霉毒素"。即使存在不法厂商违规使用防腐剂的现象,也只在长期大量摄入防腐剂的情况下身体健康才可能会受到实质性的伤害。

我们可以观察到的是,在频繁发生的食品安全事件的刺激下,政府的食品安全监管力度在日益增强,食品厂商的质量意识也逐步增强,我国的食品安全形势在慢慢好转。但消费者似乎没有意识到这种变化,对食品安全问题的担忧与日俱增。因此,普及食品安全知识,公开食品安全信息,消除消费者盲目地对食品安全产生恐慌的心理,已经成为食品安全管理工作的一项重要内容。

但很少有人意识到一个重要问题:更多的知识和信息并不能引导消费者正确认知食品安全风险。由于食品安全问题后果的严重性,消费者往往倾向于夸大自身面临的食品安全风险,因此消费者更愿意相信负面的食品质量信息,负面信息对消费者的影响远大于正面信息。这就是食品安全信息传播过程中所谓的负面偏向现象。有研究表明,媒体对食品安全问题的密集报道,即使正面信息占据主导地位,也会刺激消费者食品安全风险认知水平的显著上升。

更复杂的是,消费者夸大食品安全风险与忽视食品安全隐患的现象同时并存。有学者的研究表明,部分消费者群体,如低收入、年纪偏大的消费者食品安全意识低下,日常生活中很少采取积极措施保护自己免受那些不熟悉的问题食品的伤害。也有研究发现,食品安全风险的认知偏差现象中,较普遍的是消费者经常夸大食品危害因素的安全风险,而忽视各种日常消费食品可能存在的安全隐患。

因此,我们希望本书的出版可以对纠正消费者食品安全风险认知偏差起到积极作用。本书对因食品突发事件而成为社会热点的食品安全问题做了淡化处理,避免刺激消费者食品安全风险认知水平的进一步上升。除了这些食品安全问题的风险水平可能被高估外,还因为政府部门通常会在食品安全事件发生后采取强力措施消除相关安全隐患。例如,近几年我国乳制品行业连续发生了多起轰动性的食品安全事件,彻底击碎了消费者对国产乳制品的信任。一个典型表现就是,稍有经济能力的家长都想方设法给自己的孩子购买进口奶粉。但许多食品专家认为,目前我国对乳制品行业实施了最严格的监管政策,国产奶粉已经成为我国最安全的食品之一。

与此同时，本书使用较多篇幅向消费者介绍了一些容易被忽视的食品安全问题，以提高消费者的食品安全风险防范意识。例如，本书介绍了很少有消费者了解的劣质水晶玻璃铅超标问题及潜在的危害性。又如，本书介绍了霉变甘蔗、自制豆瓣酱和腐烂苹果等看似平常但实际能对身体健康造成严重危害，甚至危及生命的高风险食品。

在引导消费者正确认知自身面临的食品安全风险的基础上，本书介绍了大量食品质量的感官鉴别方法，为消费者提供了一整套的食品安全风险规避措施，内容覆盖了新鲜蔬果购买、肉类食品购买、外出就餐安全和家庭饮食安全等日常饮食活动的各个方面。

需要引起广大消费者注意的是，无论多么精明的消费者，也不能离开我国整体的食品安全环境而独善其身。许多食品安全问题需要专业人士依靠精密仪器才能鉴别出来，更何况还存在许多科学研究尚未发现的食品危害因素。消费者规避食品安全风险，归根结底需要依靠政府加强监管力度和食品厂商的高度自律。这就要求每位消费者共同努力，推动我国整体食品安全环境向好的方向转化。

目　录

第一章　认识食品添加剂

常用食品添加剂

1. 防腐剂和杀菌剂

防腐剂指虽不能杀灭微生物，但可以抑制微生物的生长活动以及阻止其生长的物质。杀菌剂指可以杀灭微生物的物质。

2. 抗氧化剂

抗氧化剂是阻止氧气不良影响的物质。食物中的抗氧化剂能够保护食物免受氧化损伤而变质。

3. 乳化剂

乳化剂是加入到食品中促进油水体系均匀化的一类物质。

4. 漂白剂

抑制或破坏食品中的各种发色因素，使其褪色或免于色变。

5. 膨松剂

面团调节剂，增大面团的体积，有化学和生物两大类，常用化学膨松剂主要是以碳酸氢盐和明矾为主的复合盐，生物膨松剂主要以酵母为主。

6. 增稠剂

稳定剂，饮料中添加的多糖类物质，如CMC、果胶、琼脂等。

正确认识食品添加剂

1. 食品添加剂在食品生产中扮演了重要角色

谈到食品安全，很多人就会想到食品添加剂，误认为食品安全问题就是食品添加剂造成的。食品添加剂在食品和食品安全中到底扮演什么角色，这是亟待普及的科学知识。

(1)人类使用食品添加剂的历史与人类文明史一样悠久。卤水点豆腐是我国西汉时期发明的，距今已有两千多年历史，卤水就是一种食品添加剂。中国老百姓发面使用的酵母、碱面都是食品添加剂。

(2)没有食品添加剂就没有现代食品。食品添加剂是一个国家科学技术和经济发展水平的标志之一，越是发达国家，食品添加剂的品种越丰富，人均消费量越大。无论是西餐的面包、蛋糕、香肠、果汁饮料、冰淇淋，还是中餐的馒头、包子、油条、元宵、月饼等，这些食品的制造都离不开食品添加剂，这是不以我们的好恶为转移的客观事实。假如没有了食品添加剂，不仅商店里琳琅满目的各种食品将会不复存在，就连我们的家庭厨房也会难以正常运转:面粉会发霉、食盐会结块、食用油会酸败、酱油会变质。

(3)我国重大食品安全事件没有一起是由于合法使用食品添加剂造成的。但食品添加剂却成了许多食品安全事件的“替罪羊”,甚至在一部分人心目中食品添加剂已经成了食品不安全的代名词。公众对食品添加剂的误解之深、抵触情绪之大已经到了谈“剂”色变和因噎废食的程度。

2. 必须明确的几个食品添加剂问题

(1)添加剂不等于食品添加剂。食品添加剂只是众多添加剂中的一种,其他添加剂有饲料添加剂、药品添加剂、混凝土添加剂、塑料添加剂、涂料添加剂、汽油添加剂等。尽人皆知的三聚氰胺不是食品添加剂,而是混凝土添加剂、塑料添加剂和涂料添加剂。必须把食品添加剂和食品非法添加物区别开来。三聚氰胺、苏丹红、“瘦肉精”都是食品非法添加物,根本不是食品添加剂。

(2)食品添加剂需按规定使用。即便是允许使用食品添加剂,也必须合法使用,不能超范围、超量使用。2011 年 4 月,中央电视台曝光了上海多家超市销售的玉米面馒头中没有加玉米面,而是由白面经柠檬黄染色制成的。柠檬黄是一种允许使用的食品添加剂,可以在膨化食品、冰淇淋、可可玉米片、果汁饮料等食品中使用,但不允许在馒头中使用。“染色馒头”事件除了是一种欺诈消费者的违法行为外,也是一个典型的超范围使用食品添加剂的违法事件。

(3)并非国外允许使用的食品添加剂我国就可以使用。2009 年的蒙牛特仑苏 OMP 牛奶风波,就是因为在牛奶中添加了牛奶碱性蛋白(MBP)造成的。MBP 这种食品添加剂已获得了美国和新西兰政府的使用许可,但我国当时尚未允许使用,这是一个典型的合理不合法的案例。

(4)国家对食品添加剂品种的使用许可不是固定不变的。伴随着科学技术的进步、经济社会的发展和消费者观念的转变,一些新的食品添加剂会被许可使用,而一些老的食品添加剂会被淘汰或限制使用范围。从 2011 年 5 月 1 日起,面粉不允许添加增白剂过氧化苯甲酰就是一个例子。

(5)合法使用食品添加剂是维护食品安全的需要。合法使用食品添加剂不仅是安全的,也是必要的。目前全世界范围内,因食用致病微生物污染的食品引发疾病是食品安全头号问题。如果不使用食品防腐剂,许多食品很快就会变质,食用后将会造成严重的危害。

常见非法添加剂及其危害

1. 牛肉精粉(膏)

牛肉精粉(膏)是一种复合食品添加剂,适量食用对人体健康是无害的,已广泛应用于汤料、鸡精、风味饼干、膨化食品、方便面调味等。如果在猪肉上使用牛肉精粉、牛肉精膏,充当牛肉售卖,这完全是为了牟取暴利,是一种违法欺诈行为。

2. 瘦肉精

瘦肉精是一种白色或类似白色的结晶体粉末,无臭,味苦,是一种可用作兴奋剂的药物,并可用于治疗哮喘。饲料中添加了适量的瘦肉精后,可使猪等禽畜生长速率、饲料转化率、瘦肉率提高 10%以上,但作为兽药或禽畜饲料添加剂,则属于违禁品。人一旦食用含瘦肉精的猪肉,轻则导致心律不齐,重则会导致心脏病。

3. 苏丹红

苏丹红是一种化学染色剂，并非食品添加剂。它的化学成分中含有一种叫萘的化合物，该物质具有偶氮结构，由于这种化学结构的性质决定了它具有致癌性，对人体的肝肾器官具有明显的毒性作用。苏丹红属于化工染色剂，主要是用于石油、机油和其他的一些工业溶剂中，目的是使其增色，也用于鞋、地板等的增光。

4. 溴酸钾

由于溴酸钾具有增加面筋强度、增白面粉、令品质不良的面粉发酵制成面包时容易成形，胀大且不易塌陷等特性，加之价格便宜，素来是面粉业内普遍使用的添加剂。不过这种添加剂在最近几年的实验中被发现会产生溴酸盐，而该物质能够导致试验用的哺乳动物患上肾癌等疾病，因此国际癌症研究机构已将溴酸钾的化合物列为致癌物质。

5. β-内酰胺酶

β-内酰胺酶又称金玉兰酶制剂，主要作用为掩蔽抗生素，是制造假“无抗奶”的元凶。有些奶牛患乳腺炎或其他疾病比较多，为了治疗病牛往往采用青霉素，以致这些奶牛所产的奶中含有抗生素，原料奶质量受影响。一些不法企业和个人往往在奶中加入添加剂β-内酰胺酶，把奶中的抗生素降解，使乳品厂收奶检验员无法查明奶中所含的抗生素。这种做法虽可在检验中蒙混过关，但其降解物仍残留在奶中，饮用这种奶会危害人体健康。

6. 富马酸二甲酯

富马酸二甲酯俗称“霉克星”，主要作用为防腐、防虫。它其实是一种工业消毒剂，在国家标准规定中只能用于建材、塑料制品及竹编等一些工业产品，绝不允许使用在食品中。但由于防霉效果好，一些不法生产厂家就将其添加到糕点、月饼及麻辣小食品等食品中，不仅可使食品不易霉变、保质期长，而且色泽鲜艳。但它对人体有害，会损害肠道、内脏和引起过敏，尤其对儿童的成长发育会造成很大危害。

7. 三聚氰胺

三聚氰胺是一种用途广泛的基本有机化工中间产品，最主要的用途是作为生产三聚氰胺甲醛树脂（MF）的原料。广泛运用于木材、塑料、涂料、造纸、纺织、皮革、电气、医药等行业。它不属于食品添加剂，长期或反复大量摄入三聚氰胺可能对肾与膀胱产生影响，导致结石产生。

8. 皮革水解物

皮革水解物主要成分是皮革水解蛋白，主要作用为增加蛋白质含量，常见于乳制品、含乳饮料。食品专家称，劣质水解蛋白的生产原料主要来自制革工厂的边角废料，而制革边角废料中含有重铬酸钾和重铬酸钠，用这种原料生产水解蛋白，自然就带入产品中，被人体吸收后可导致中毒，使关节疏松肿大，甚至造成儿童死亡。

9. 滑石粉

食用级滑石粉是用于医药、食品行业的添加剂。具有无毒、无味、口味柔软、光滑度强的特点，因此可以食用，但食用过量或长期食用有致癌性。一些商贩为了去除筷子的毛刺，令其看起来光滑白皙，将其放入工业滑石粉中，通过摩擦对筷子进行加工。但滑石粉容易增加人体患胆结石的概率。

正确认识防腐剂

1. 常用防腐剂

(1)苯甲酸及其钠盐。未电离时苯甲酸抗菌作用较强，适合于酸性食品。苯甲酸钠的水溶性好，在酸性食品中可转变为苯甲酸。苯甲酸主要抑制酵母和细菌，对霉菌的作用不大。

(2)山梨酸及其盐类。主要用于抑制霉菌和酵母生长，随pH的降低，山梨酸的抑菌效果增强，一般 $pH<6.5$，未电离时抑菌效果好。

(3)丙酸钙及丙酸钠。丙酸盐的抑菌谱较窄，主要作用于霉菌，对细菌作用有限，对酵母无作用，所以丙酸盐常用作面包发酵和乳酪制造的抑菌剂。在同一剂量下丙酸钙抑制霉菌的效果比丙酸钠好，但会影响面包的蓬松性，实际常用钠盐。丙酸盐

pH越小抑菌效果越好，一般 $pH<5.5$。杀菌剂：常用的杀菌剂有漂白粉、次氯酸钠、H_2O_2、K_2MnO_4、环氧化合物，常用于饮用水、包装容器和加工用具的消毒。

2. 防腐剂的作用

吃剩的食物如果不及时保存，肯定会变味，这是众所周知的常识——细菌作怪。细菌的威力不说不知道，一说吓一跳，如“肉毒菌”，它能产生世界上最毒的物质——“肉毒素”。这种毒素只需1克便可毒死上百万人。“黄曲霉”，它所产生的“黄曲霉毒素”是最强的致癌物质之一。黄曲霉毒素的毒性是氰化钾的20倍，而肉毒素是氰化钾的2万倍。此外，还有痢疾杆菌、致病性大肠杆菌、副溶血弧菌、沙门菌、金黄色葡萄球菌等。如果食品在加工和储存过程中沾染了这些有害微生物，对消费者来说实在是太可怕了。

此外，由于微生物的活动而造成的食品变质、变味，失去原有营养价值的现象，也是人们所不愿看到的。

食品防腐剂可以有效地解决食品在加工、储存过程中因微生物“侵袭”而变质的问题，使食品在一般的自然环境中具有一定的保存期。

3. 食品防腐剂的使用范围

目前世界各国允许使用的食品防腐剂种类很多，我国允许在一定量内使用的防腐剂有30多种，包括：苯甲酸及其钠盐、山梨酸及其钾盐、二氧化硫、焦亚硫酸钠(钾)、丙酸钠(钙)、对羟基苯甲酸乙酯、脱氢醋酸等。其中较多的是山梨酸和苯甲酸及其盐类。

苯甲酸钠是当前食品工业应用较为广泛的一种食品防腐剂，其可以使用的范围包括：碳酸饮料、低盐酱菜、酱油、蜜饯、葡萄酒、果酒、软糖、食醋、果酱(不包括罐头)、果汁(果味)型饮料、食品工业用塑料桶装浓缩果蔬汁、果汁(果味)冰、预调酒、复合调味料、半固体复合调味料、调味糖浆、液体复合调味料。

防腐剂作为重要的食品添加剂之一,在食品工业中被广泛使用。酱油中一般含有防腐剂苯甲酸钠;面包和豆制品常常添加防腐剂丙酸钙;酱菜、果酱、调味品和饮料中常加入山梨酸钾;葡萄酒等果酒的防腐,传统上用亚硫酸盐,等等。可见,防腐剂在我们日常消费的食品中广泛存在。

4. 含防腐剂食品可放心食用

一种含有害物质的食品是否对人体产生危害,主要取决于人体食用的量,不应将食品含有害物质与食品有毒两种不同的概念混淆或等同起来。我国著名食品安全专家陈君石院士说,任何东西吃多了都有害,水喝多了一样死人,盐吃多了一样中毒,就是基于剂量决定毒性的概念。

例如,杭州健怡可口可乐公司"防腐剂事件"中所涉及的苯甲酸钠,是人们日常食品中经常添加的一种防腐剂。世界卫生组织和国际粮农组织食品添加剂专家联合委员会第57届会议,对苯甲酸作出最新的风险评估,规定每日允许摄入量(ADI),即终身摄入对人体健康无不良影响的剂量,为0～5毫克/千克,这相当于60千克重的成人终身摄入的无毒副作用剂量是每天最高300毫克;我国规定苯甲酸钠在饮料中的最大使用量为0.2克/千克,即一个成年人每天喝1升饮料,苯甲酸钠为200毫克,比国际规定的ADI值还低。

其实,国家法律规定允许使用的食品添加剂都是经过严格的安全性评价的。老百姓在正确的使用范围、正确的使用剂量内合理食用,其安全性是完全可以保障的。至于曾经发生过的那些引起公众关注的大型食品安全问题,都是因为食品生产过程的卫生标准没有得到有效执行,或者没有按规定使用食品添加剂，而不是添加剂本身的“罪过”。

最后需特别提及一点，儿童、孕妇等处于身体发育特殊时期的敏感人群，不宜食用那些过多使用防腐剂的食品。

食品中的色素

1. 什么是食用色素

食品的色彩是食品感官品质的一个重要因素。人们在制作食品时常使用一种食品添加剂——食用色素。使用的食用色素有天然食用色素和合成食用色素两大类。在1850年英国人发明第一种合成食用色素苯胺紫之前，人们都是用天然色素来着色。我国自古就有将红曲米酿酒、酱肉、制红肠等习惯。西南一带用黄饭花、江南一带用乌饭树叶捣汁染糯米饭食用。天然食用色素是直接从动植物组织中提取的色素，对人体一般来说是无害的，如红曲、叶绿素、姜黄素、胡萝卜素、苋菜和糖色等，就是其中的一部分。

人工合成食用色素，是用煤焦油中分离出来的苯胺染料为原料制成的，故又称煤焦油色素或苯胺色素，如合成苋菜红、胭脂红及柠檬黄等等。这些人工合成的色素因易诱发中毒、泄泻甚至癌症，对人体有害，故不能多用或尽量不用。

2. 合成色素的潜在危害

大量的研究报告指出，几乎所有的合成色素都不能向人体提供营养物质，某些合成色素甚至会危害人体健康。科研人员说，合成色素是以煤焦油为原料制成的，通称煤焦色素或苯胺色素，对人体有害。其危害包括一般毒性、致泻性、致突性（基因突变)与致癌作用。此外,许多食用合成色素除本身或其代谢物有毒外,在生产过程中还可能混入砷和铅。

苏联曾对苋莱红这种食用色素进行了长期动物试验,结果发现致癌率高达22%。美、英等国的科研人员在做过相关的研究后也发现,不仅是苋莱红,许多其他的合成色素也对人体有伤害作用,可能导致生育力下降、畸胎等等,有些色素在人体内可能转换成致癌物质。

过去用于人造奶油着色的奶油黄,早已被证实可以导致人和动物患上肝癌,而其他种类的合成色素如橙黄能导致皮下肉瘤、肝癌、肠癌和恶性淋巴癌等。

长期摄入生产糖果和软饮料时经常使用的人工添加剂会导致多动症等行为障碍。英国食品标准管理局(FSA)委托南安普敦大学的研究显示,有6种人工色素包括人们所熟知的柠檬黄、日落黄会影响儿童的智力,严重时可导致儿童的IQ值下降5.5分。

3. 孩子是合成色素最大的受害者

被合成色素影响的人群中,孩子是最大的受害者。因为孩子是彩色食品消费的主力,尤其是现在的孩子,几乎都是在形形色色的彩色零食包围中长大的,他们在食入这些彩色食品的同时,也摄入了大量合成色素。而少年儿童正处于生长发育期,体内器官功能比较脆弱,神经系统发育尚不健全,对化学物质敏感,若过多过久地进食含合成色素的食品,会影响神经系统的冲动传导,刺激大脑神经而出现躁动、情绪不稳、注意力不集中、自制力差、思想叛逆、行为过激等表现。有一项研究表明,现在的孩子行为过激、任性、反叛,原因有很多,但长期过多进食含合成色素的食品也是不可忽视的因素之一。

鉴于合成色素的危害性,我国已严令规定凡是鱼、肉类及其加工品，醋、酱油、腐乳等调味品，蔬果及其制品，乳类及乳制品，米面、粮食及其制品以及婴幼儿食品等都不得使用化学合成色素，其他食品则允许有条件地使用，并对色素品种以及使用量进行了限制。

然而市场情况却不容乐观。一些不知名的食品厂家，为了达到赚钱目的，哪里还管什么安全剂量的问题，只要能将食品做得五彩诱人，吸引大人或小朋友去买就行了。于是乎，彩色大米、彩色面条甚至彩色牛奶大行其道，而色彩缤纷的糕点、饼干更是随处可见，人们在津津有味地食入这些五颜六色的食品的同时，也食入了对健康的威胁。

4. 选购食品，勿贪色彩

目前，允许用于食品的合成色素有：苋菜红、胭脂红、赤藓红、新红、柠檬黄、日落黄、亮蓝、靛蓝、诱惑红共九种。另外，还规定了安全使用剂量，只要在规定剂量内使用，一般不会对健康造成太大影响。但这是针对正规厂家而言，如果是一些不知名的小厂家生产的没有质量保证的食品，那就另当别论了。

在购买食品时，一要选可靠的生产商；二不要选颜色过于鲜艳的食品（天然色素经高温制作后颜色会变暗）；三要认真查阅包装标识，尽量选用无色素或采用天然色素（如甜菜红、姜黄、β-胡萝卜素、叶绿素、红花黄、菊花黄、辣椒红、玉米黄等）的食品，尤其是为孩子选购食品时，更不要为了满足孩子的好奇心，而购买大量五颜六色又无质量保证的食品。

漂白剂的潜在危害

漂白剂常用的品种有焦亚硫酸钾、亚硫酸氢钠、焦亚硫酸钠等，能破坏、抑制食品的发色因素，使其褪色或使食品免于褐变。可分氧化漂白及还原漂白二类。氧化漂白是通过其本身强烈的氧化作用使着色物质被氧化破坏，从而达到漂白的目的；食品中主要使用还原漂白，大都属于亚硫酸及其盐类，它们通过产生的二氧化硫的还原作用可使果蔬褪色，因此广泛应用于食品的漂白与保藏等。漂白剂只有当其存在于食品中时方能发挥作用，因这类物质有一定毒性，如果不能控制其使用量并严格控制其残留量，会对人体健康造成危害。

而有些商家更甚，为了“卖相”好、销路好，便用工业双氧水来漂白，让开心果等食品“变脸”。双氧水有工业双氧水和食品级双氧水。工业双氧水是绝对不允许做食品加工的，食品级双氧水可作食品加工助剂，但不允许有化学成分残留。工业双氧水具有漂白作用，但含有重金属以及铅、砷等有毒物质，经工业双氧水浸泡过的食品，不仅会强烈刺激人的消化道，还存在致癌、致畸形和引发基因突变的潜在危险。

第二章　食品中的化学物残留

食物中有哪些化学污染

1. 天然存在的化学物质

在有毒菇类中含有剧毒的物质;存在于谷物中的黄曲霉毒素可以致癌。

2. 人工添加的化学物质

在食品生产、加工、运输、销售过程中,人为加入的添加剂,如果超出国家有关标准规定的安全水平,对人体就有危害。

3. 外来污染的化学物质

(1)农药如杀虫剂、杀真菌剂、除草剂等。

(2)兽用药品和植物激素,包括兽医治疗用药、饲料添加用药,如抗生素、磺胺药、抗寄生虫药、促生长激素、性激素等,这些化学物质可以在动植物体内残留。

(3)工业污染化学物质。这主要指金属毒物,如甲基汞、镉、铅、砷等。这些化学物质可以污染土壤、水域,进而污染植物、畜禽、水产品等。

(4)食品加工企业使用的化学物质。如润滑剂、清洗剂、消毒剂、燃料、油漆等。这些物质使用和管理不当,可能污染食品。

(5)食品容器、包装材料等带来的食品污染问题也应引起重视。如PVC(聚氯乙烯)保鲜膜与食物接触一同加热可产生致癌物。

食物中的农药残留

1. 什么是农药残留

农药残留是指农药使用后残存于生物体、农产品(或食品)及环境中的微量农药,除农药本身外,也包括农药的有毒代谢物和杂质,是农药及其他相关物质的总称。残存的农药残留数量称为残留量,以每千克样本中有多少毫克(mg/kg)表示。农药残留是施药后的必然现象,如果超过最大残留限量标准,会产生对人畜不良影响或通过食物链对生态系统中的生物造成毒害的风险。

几乎所有农产品都有农药残留。农业生产过程中由于常常发生病虫草害危害,需要用农药进行防治,只不过有的有机农业使用天然的生物农药,因此,几乎所有农产品都可能含有农药残留。其实农业现代化程度越高,农药的使用量越大,因此,发达国家农药使用普遍高于发展中国家。根据联合国粮农组织2000年的统计,发达国家单位面积农药使用量是发展中国家的1.5～2.5倍。

在实际生产中,由于农药使用技术等限制,农药实际使用率只有30%,大部分农药流失到环境中,植物上的农药残留主要保留在作物表面,具有内吸性的农药部分会吸收到植物体内。植物上的农药经过风吹雨打、自然降解和生物降解,在收获时,农药残留量是很少的。为了确保农产品的安全,国家制定了农药残留标准,将农产品中农药残留量控制在安全的范围内。

2. 食物农药残留危害问题的根源

违反规定大量使用剧毒或高毒农药。有的菜农为了追求杀虫效果、节省成本，使用国家禁用的剧毒或高毒农药。这些农药虽然杀虫效果好、用量少、费用低廉，但对人体的危害非常大。

施用农药的安全间隔期大大缩短。农药喷洒在蔬菜上以后会逐渐分解，杀虫作用也逐渐减弱、消失。经过一定天数后，残留的农药对人的毒性就小了。所以，农作物经过施药以后，过了安全间隔期再食用，就比较安全。由于各种农药的稳定性存在差异，不同农药对各种农作物的安全间隔期也各不相同。让人忧心的是，在蔬菜供应紧张的季节，有少数不法菜农为了抢季节、卖高价，今天施药，短短几天后就收割上市供应。这些农药残留量高的蔬菜如果在食用前未经彻底清洗，就可能引发中毒事件。

3. 农药残留的危害

人们进食残留有农药的食物，如果污染较轻、吃入的数量较少时，一般不会出现明显的症状，但往往有头痛、头昏、无力、恶心、精神差等表现；当农药污染较重、进入体内的农药量较多时，会出现明显的不适，如乏力、呕吐、腹泻、肌颤、心慌等情况。严重者可能出现全身抽搐、昏迷、心力衰竭，甚至死亡的现象。

残留农药还可在人体内蓄积，超过一定量后会导致一些疾病，如男性不育。研究资料显示，在最近50年间，全世界男性精子的数量下降了50%，不育或不孕夫妇的比例已达到10%至15%。而造成这一切的罪魁祸首就是一些被称为环境内分泌干扰物的化学品，如“666”“1605”等农药。消化系统功能紊乱也与残留农药有关。有研究表明，食物中的残留农用杀虫剂能够导致消化黏膜发生炎症和形态病变，而消化功能紊乱患者常有腹痛症状的原因，正是由于消化黏膜在出现形态病变及炎症以后，使人的痛觉更为敏感。此外，帕金森病、癌症、心血管疾病和糖尿病等，也与长期接触农药有关。对孕妇而言，则会影响胎儿的发育，甚至会导致胎儿畸形。

4. 含有农药残留的农产品能不能吃

食用含有农药残留的农产品是否安全取决于农药的残留量、毒性和食用的量。为确保农产品的安全，各国根据农药的毒理学数据和居民食物结构等制定农药残留限量标准，残留量低于标准是安全的，可以放心食用，而超标农产品则存在安全风险，不应食用。需要补充的是，在制定残留标准时增加了至少100倍的安全系数，因此残留标准具有很大的保险系数，理论上讲，即使误食残留超标农产品也可能不会发生安全事故。

我国还对高毒农药采取了最严格的管理，先后禁止淘汰了33种高毒农药，其中包括甲胺磷等在美国等一些发达国家仍在广泛使用的产品，同时大力发展生物农药。目前我国高毒农药的比例已由原来的30%减少到了不足2%，而72%以上的农药是低毒产品，农药安全性已大幅提高，农村生产中毒发生减少，喝药自杀死亡率也明显下降。这并不是说我国的农产品是绝对安全的，可以肯定的是，现在的农药比以前的更加安全。如果担心农药残留，大家在吃鲜食蔬菜和水果时也可以采取水泡和削皮等措施去除可能的残留。

5. 哪些农产品的农药残留多

有机农产品、绿色食品和无公害农产品，因为对所用的农药以及使用方法都有严格的规定，农药残留相对较小，超标的情况少，相对比较安全。

小麦、水稻和玉米等粮食作物，由于生长期长，储存期也长，大部分农药残留会降解掉，而且又要经过加工和烹调，残留会进一步去除和降解，相对比较安全。

蔬菜和水果大部分是鲜食的，农药残留降解少，农药残留风险较高。对于一些连续采收的鲜食蔬菜和水果，残留风险可能更高一些。

6. 去除或者减少农药残留的方法

（1）放置。因为农药残留会随着时间的延续不断地降解，一些耐储藏的土豆、白菜、黄瓜、西红柿等，购买后可以放几天，一方面可以使农产品继续熟化，另一方面农药会降解，残留减少。

（2）洗涤。残存于农产品表面或外部的农药残留也较易被水或洗洁精冲洗掉，因此，在烹调前将蔬菜用水泡半个小时，再适当加洗洁精冲洗，基本可去除表面的农药残留。

（3）烹调。高温一般可以使农药残留更快地降解。

（4）去皮。苹果、梨、柑橘等农产品表皮上的农药残留一般都要高于内部组织，因此，削皮、剥皮是一个很好的方法。

食物中的重金属污染

1. 重金属污染的种类

（1）铅污染。铅是一种具有蓄积性、多亲和性的毒物，对神经系统、骨骼造血机能、消化系统、免疫系统等均有危害，特别是处于神经系统发育敏感时期的儿童是铅的易感人群。人体的铅主要来自食物。食物中的铅污染是由于在食品生产、加工中使用含铅化学添加剂，被铅金属污染的容器、包装材料；工业三废；农业中使用含铅等有害金属农药。

(2)汞污染。对大多数人来说,因为食物而引起汞中毒的危险非常小。人们所吸收的汞大部分是甲基汞。而且主要是来自食用鱼。长期食用被汞污染的食品,可引起一系列不可逆转的神经系统中毒症状,引起肝、肾、脑的损害。

(3)砷污染。砷是动物和人体必需的微量元素,体内微量的砷对健康基本无影响。据报道,均匀饮食微量的砷,可使人体强健,肌肤光滑白嫩,但由于农业上广泛使用砷化合物,特别是含砷农药的使用,使农作物含砷量增多,食用含砷的食品就容易造成中毒,砷作用于神经系统,刺激造血器官,诱发恶性肿瘤,因此,砷及其化合物被国际机构证明为致癌物。三价无机砷剧毒,五价砷毒性低于三价砷,有机砷的毒性较小,因而国际上对砷的卫生学评价均以无机砷为依据。

(4)镉污染。镉被列入世界八大公害之一,是一种对动物和人类健康危害严重的重金属,有致癌和致畸作用。环境受到镉污染后镉可在生物体内富集,通过食物链进入人体,引起慢性中毒。镉被人体吸收后,形成镉蛋白。选择性蓄积于肾、肝,其中肾是镉中毒的“靶器官”。镉在体内,影响肝、肾酶系统的正常功能;使骨骼的代谢受阻,造成骨质疏松、萎缩、变形等。

(5)铬污染。工业“三废”中含铬量高的情况下,将会导致铬污染周围环境,可引起在此环境中的家畜中毒。铬对人体有毒的主要是六价铬,经口腔摄入的有10%被机体吸收,其中10%可在人体内停留达五年之久。摄入超大剂量的铬会导致胃肠道、肾脏和肝脏的损伤,甚至死亡。

2. 重金属残留的危害

我国重金属污染形势不容乐观。南京农业大学曾在华东、东北、华中、西南、华南和华北六个地区的县级以上市场中,随机采购大米样品91个,结果表明:10%左右的市售大米镉超标。

研究还表明，中国稻米重金属污染以南方籼米为主，尤以湖南、江西等省份最为严重。而国家环保总局一项最新监测表明，珠三角蔬菜重金属严重超标，其中多个市属于“重灾区”。东莞、顺德、中山三地的田地里的蔬菜重金属大幅超标达三成左右。

食品中的重金属残留会对人体产生累积性的危害。重金属残留危害的潜伏期长。刚开始时人没有症状，平时不易察觉，但累积到一定程度就会发病，而且一发病就十分严重，基本无可挽救。如果孕妇体内重金属含有量高，其母乳也会相应含重金属，这样将遗传到下一代。

重金属通过食物链沉积到人体中，可引起多种疾病甚至癌症，而且危害还可遗传到下一代。而且不同的重金属对人体危害也不一样，如汞、铅可损害神经系统，导致反应迟钝、痴呆，镉可导致骨头病痛坏死；镍对肝脏功能破坏较大。如果各种元素的重金属都在体内累积到一定程度，人体可发作各种疾病。另外，汞、镉、砷、铅都可以致人体患癌。

兽药残留及其危害

兽药残留是指用药后蓄积或存留于畜禽机体或产品（如鸡蛋、奶品、肉品等）中原型药物或其代谢产物，包括与兽药有关的杂质的残留。

目前，兽药残留可分为以下 7 类：①抗生素类；②驱肠虫药类；③生长促进剂类；④抗原虫药类；⑤灭锥虫药类；⑥镇静剂类；⑦β-肾上腺素能受体阻断剂。

在动物源食品中较容易引起兽药残留量超标的主要有抗生素类、磺胺类、呋喃类、抗寄生虫类和激素类药物。兽药残留的危害包括：

1. 毒性反应

长期食用兽药残留超标的食品后，当体内蓄积的药物浓度达到一定量时会对人体产生多种急、慢性中毒。人体对氯霉素反应比动物更敏感，特别是婴幼儿的药物代谢功能尚不完善，氯霉素的超标可引起致命的“灰婴综合征”反应，严重时还会造成人的再生障碍性贫血。四环素类药物能够与骨骼中的钙结合，抑制骨骼和牙齿的发育。红霉素等大环内酯类可致急性肝毒性。氨基糖苷类的庆大霉素和卡那霉素能损害前庭和耳蜗神经，导致眩晕和听力减退。磺胺类药物能够破坏人体造血机能等。

2. 耐药菌株产生

动物机体长期反复接触某种抗菌药物后，其体内敏感菌株受到选择性的抑制，从而使耐药菌株大量繁殖；此外，抗药性R质粒在菌株间横向转移使很多细菌由单重耐药发展到多重耐药。耐药性细菌的产生使得一些常用药物的疗效下降甚至失去疗效，如青霉素、氯霉素、庆大霉素、磺胺类等药物在畜禽中已大量产生抗药性，临床效果越来越差。

3.“三致”作用

研究发现许多药物具有致癌、致畸、致突变作用。如丁苯咪唑、丙硫咪唑和苯硫苯胺酯具有致畸作用；雌激素、克球酚、砷制剂、喹恶啉类、硝基呋喃类等已被证明具有致癌作用；喹诺酮类药物的个别品种已在真核细胞内发现有致突变作用；磺胺二甲嘧啶等磺胺类药物在连续给药中能够诱发啮齿动物甲状腺增生，并具有致肿瘤倾向；链霉素具有潜在的致畸作用。这些药物的残留量超标无疑会对人类产生危害。

4. 过敏反应

许多抗菌药物如青霉素类、四环素类、磺胺类和氨基糖苷类等能使部分人群发生过敏反应甚至休克，并在短时间内出现血压下降、皮疹、喉头水肿、呼吸困难等严重症状。青霉素类药物具有很强的致敏作用，轻者表现为接触性皮炎和皮肤反应，重者表现为致死的过敏性休克。四环素类药物可引起过敏和荨麻疹。磺胺类则表现为皮炎、白细胞减少、溶血性贫血和药热。喹诺酮类药物也可引起变态反应和光敏反应。

5. 肠道菌群失调

近年来，国外许多研究表明，有抗菌药物残留的动物源食品可对人类胃肠的正常菌群产生不良的影响，使一些非致病菌被抑制或死亡，造成人体内菌群的平衡失调，从而导致长期的腹泻或引起维生素的缺乏等反应。菌群失调还容易造成病原菌的交替感染，使得具有选择性作用的抗生素及其他化学药物失去疗效。

肉类激素残留的危害

人和动物的内分泌腺分泌的激素又称内分泌、荷尔蒙。动物的消化道器官及胎盘等也分泌激素，如促胰液分泌激素、绒毛膜促性腺激素等。各种激素的协同作用对健康是必要的。激素能促进畜禽的生长，提高瘦肉率。雏鸡从破壳长到 5 斤出售，一般要 1 年左右，而用含激素饲料喂养的速生鸡只需 45 天，甚至用 39 天。

激素等药物在动物体内的分布与残留，跟药物投放是在动物食前、食后，是随饲料还是随饮水、注射，以及药物种类关系都很大，一般在有代谢作用的肝脏、肾脏中浓度高；在鸡蛋中，脂溶性药物容易在卵黄中蓄积。进入动物体内的药物排出量随时间延长而增加，即动物体内药物的浓度逐渐降低，而且降低的程度随药的种类和动物的不同而异。比如，鸡药的半衰期多在 12 小时以下，多数鸡用药物的休药期为 7 天。休药期是畜禽产品允许上市前（或允许食用时）的停药时间。执行休药期喂养的动物食品是安全的。

西方国家曾把促进生育的人用雌性激素己烯雌酚加入饲料中喂牛，促进牛生长发育。后来发现，有相当多的十八九岁的少女颈部出现肿瘤，专家怀疑是母亲在怀她们时服用了己烯雌酚。从此，专家提出喂含己烯雌酚饲料的牛肉是否安全的问题。为此，美国食品与药品管理局经调查研究作出规定，在牛屠宰前 10 天要停止喂含己烯雌酚的饲料。但该法令难于严格执行。从 1981 年开始，世界卫生组织禁止使用己烯雌酚、己烷雌酚作为动物的生长促进剂。目前动物使用的激素有睾酮、黄体酮、雌二醇、雌酮、雌三醇等。

残留于肉食品中的激素一旦通过食物进入人体，就会明显影响机体的激素平衡，有的引起致癌、致畸；有的引起机体水、电解质、蛋白质、脂肪和糖的代谢紊乱等。儿童性早熟跟儿童偏吃肉食有关。在国内某大城市，性早熟儿童正以30%的速度增长，有的医院性早熟专科每天诊治竟达近百名性早熟儿童，其中有5岁男孩长胡须、6岁女孩乳头增大等症状；激素残留还有使男孩女性化、女孩男性化等作用。

食品加工储存过程中的污染

食品加工、包装、储存过程中化学物和生物污染主要指食品在生产线上的各种细菌、病毒污染，包括各种有公共卫生意义的禽流感病毒、新城疫病毒、沙门氏菌、李氏杆菌、肉毒梭菌等，包装过程中为降低成本而使用的伪劣含有有毒物质的包装材料，储存运输过程中可能污染的各种病毒与细菌等。这些污染直接导致食品的安全性问题。

例如用于食品包装的塑料本身无毒，它对食品的污染来源于其残留的单体和一些添加剂。另外，食品中常用的防腐剂和着色剂，比如肉制品发色和防腐的添加剂硝酸盐和亚硝酸盐是一些致癌因子。

认识塑化剂

1. 塑化剂是怎么回事

塑化剂，或称增塑剂、可塑剂，是一种增加材料的柔软性或是材料液化的添加剂。其添加对象包含了塑胶、混凝土、干壁材料、水泥与石膏等等。同一种塑化剂常常使用在不同的对象上，但其效果往往并不相同。塑化剂种类多达百余种，但使用得最普遍的即是一群称为邻苯二甲酸酯类的化合物。

塑胶添加塑化剂依据使用的功能、环境不同，制造成拥有各种韧性的软硬度、光泽的成品，其中愈软的塑胶成品所需添加的塑化剂愈多。一般常使用的保鲜膜，一种是无添加剂的 PE(聚乙烯)材料，但其黏性较差；另一种广被使用的是 PVC(聚氯乙烯)保鲜膜，有大量的塑化剂，以让 PVC 材质变得柔软且增加黏度，非常适合生鲜食品的包装。

从 2011 年 5 月起，我国台湾地区食品中先后检出 DEHP、DINP、DNOP、DBP、DMP、DEP 等 6 种邻苯二甲酸酯类塑化剂成分，药品中检出 DIDP。截至 6 月 8 日，台湾被检测出含塑化剂食品已达 961 项。6 月 1 日卫生部紧急发布公告，将邻苯二甲酸酯(也叫酞酸酯)类物质，列入食品中可能违法添加的非食用物质和易滥用的食品添加剂名单。

2. 塑化剂(DEHP)对人体的危害

塑化剂(DEHP)的作用类似于人工荷尔蒙，会危害男性生殖能力并促使女性性早熟，长期大量摄取会导致肝癌。

香港浸会大学生物系用白鼠作进一步研究，发现曾经服食“塑化剂”的老鼠，诞下的后代以雌性为主，并会影响其正常的排卵；即使产下雄性，其生殖器官较正常的小三分之二，而精子数量亦大减，反映“塑化剂”毒性属抗雄激素活性，造成内分泌失调。专家表示，研究可以应用到人类身上，显示长期摄吸“塑化剂”对男性的影响是使其有女性化倾向。

由于幼儿正处于内分泌系统、生殖系统发育期，DEHP 对幼儿带来的潜在危害会更大。幼儿摄吸后果：可能会造成小孩性别错乱，包括生殖器变短小、性征不明显；目前虽无法证实对人类是否致癌，但对动物会产生致癌反应；邻苯二甲酸酯可能影响胎儿和婴幼儿体内荷尔蒙分泌，引发激素失调，有可能导致儿童性早熟。

食物中亚硝酸盐的危害

亚硝酸盐为强氧化剂，进入人体后，可使血中低铁血红蛋白氧化成高铁血红蛋白，使血红蛋白失去携氧能力，致使组织缺氧，并对周围血管有扩张作用。急性亚硝酸盐中毒多见于当作食盐误服。中毒的主要特征是由于组织缺氧引起的发绀现象，如口唇、舌尖、指尖青紫；重者眼结膜、面部及全身皮肤青紫，头晕头疼、乏力、心跳加速、嗜睡或烦躁、呼吸困难、恶心呕吐、腹痛腹泻；严重者昏迷、惊厥、大小便失禁，可因呼吸衰竭而死亡。一般人体摄入 0.3～0.5 克的亚硝酸盐可引起中毒，超过 3 克则可致死。

亚硝酸盐的危害还不只是使人中毒，它还有致癌作用。亚硝酸盐可以与食物或胃中的仲胺类物质作用转化为亚硝胺。亚硝胺具有强烈的致癌作用，主要引起食管癌、胃癌、肝癌和大肠癌等。

另外，亚硝酸盐能够透过胎盘进入胎儿体内，六个月以内的婴儿对亚硝酸盐特别敏感。据研究表明，五岁以下儿童发生脑癌的相对危险度增高与母体经食物摄入亚硝酸盐量有关。此外，亚硝酸盐还可通过乳汁进入婴儿体内，造成婴儿机体组织缺氧，皮肤、黏膜出现青紫斑。

食物中的毒素

1. 食物中的天然毒物

(1)凝集素。在豆类及一些豆科种子(如蓖麻)中含有一种能使红细胞凝集的蛋白质，成为植物红细胞凝集素，简称凝集素。其中主要的是大豆凝集素、蓖麻毒蛋白、蛋白酶类抑制剂。大豆凝集素主要是甘露糖和N-乙酰葡萄糖胺；蓖麻毒蛋白毒性极大，对小白鼠的最小致死量为1g/kg体重；蛋白酶类抑制剂中比较重要的有胰蛋白酶抑制剂和淀粉酶抑制剂。生食或食用加热不够的豆类、马铃薯类食物时容易引起营养素吸收不良。

(2)毒苷。存在于植物性食品中的毒苷主要有氰苷、硫苷和皂苷。氰苷主要形式是氰的葡萄糖苷，其次是龙胆二糖及荚豆二糖，均呈β-构型。CN^-与细胞色素氧化酶的铁结合，从而破坏细胞氧化酶递送氧的作用，使机体陷于窒息状态。食用含氰苷较多的食物时，可通过漂洗出去氰苷。

（3）生物碱。生物碱一般是指存在于植物中的含氮碱性化合物，大多数生物碱都具有毒性。鲜黄花菜中含有秋水仙碱，其本身对人体无毒，但是在体内氧化成氧化秋水仙碱后则具有剧毒。

2. 认识海洋毒素

鱼类产品由于海洋毒素的影响会产生一些独特的食品毒素。我们应对此引起重视，目前在鱼类产品中发现的某些毒素是地球上毒害最严重的物质。部分有毒物质是特别低等的，有些是耐高温的，不是普通的烹饪可以杀死的，而且是不易被探测到的，只能通过一些分析手段才能发现。这些毒素通常不会影响到鱼的外观、气味及口味。

应特别注意的一类海产品是软体贝类，包括牡蛎、贻贝和蛤蜊。有些特殊的毒素与它们有关，而且这些贝类毒素所引起的PSP、DSP、NSP、ASP 现象在人类的疾病中也有发现。这些毒素的一个共同点是：它们不是由贝类自身产生，而是其他海洋微生物在贝类中存积而形成。

3. 动物肝脏中的毒素

动物的肝脏是人所共知的美味，它含有丰富的蛋白质、维生素、微量元素、胆固醇等营养物质。它对促进儿童生长发育、维持成人的身体健康，使老年人延年益寿，都有着极大益处。

但是，肝脏也具有不能忽视的问题：它是最大的解毒器官。动物体内的各种毒素，大多要经过肝脏来处理、排泄、转化、结合。因此，尽管肝脏味美，但其中却暗藏着毒物。肝脏又是重要的免疫器官和“化学加工厂”，它可以产生多种激素、抗体、免疫细胞等，而这些物质往往对异体有害。动物体内其他组织发生病变时，肝脏也会首先发生肿大、瘀血。

由于肝脏贮血较多，血运丰富，所以，进入动物体内的寄生虫、细菌往往寄存在肝内生长、繁殖，肝吸虫病、包虫病等在动物中非常多见。此外，肝脏本身也极易发生病变，动物也常常患肝癌、肝硬化、肝炎等。因此，肝脏好吃，吃法要得当，烹饪之前要恰当地处理。

首先要选择健康肝脏，肝脏瘀血、异常肿大，内包白色结节、肿块或干缩、坚硬都可能为病态肝脏，不宜食用。对可食肝脏，食前必须彻底清除肝内毒物。一般的方法是反复用水浸泡，以12小时以上为宜。浸泡之后，彻底除去肝内积血，才可以烹调食用。

第三章　食物的变质

危害较大的几类变质食品

1. 发霉的花生、玉米、大米及其制品

这些食品含有大量的黄曲霉毒素，可引起发热、呕吐、黄疸、昏迷、痉挛，甚至急性中毒死亡。黄曲霉毒素耐高温、具有很强的致癌性，尤其对肝脏的破坏力极强。因此，购买后的粮食最好储存在通风、干燥、低温、少氧的地方，发霉勿食。

2. 变质的鱼、虾、蟹

一些细菌、酵母及霉菌等产生的酶类物质将死后水产品中的蛋白质分解，产生胺类、氨、硫化氢等有毒物质，中毒时表现为皮肤潮红、结膜充血、胸闷头疼、呕吐、腹泻等症状。鱼眼混浊、鳞片暗淡，虾蟹类的壳体发红，即是不新鲜的表现。

3. 霉变甘蔗

主要表现为表皮无光泽、呈灰暗色、质地软、瓤部呈浅棕色、闻着有霉味或酸辣味。霉变甘蔗中产毒真菌即甘蔗节菱孢霉会产生神经毒素，主要损害中枢神经系统，食用后相继出现消化功能紊乱、神经系统受损症状，患者常因呼吸衰竭死亡。

4. 不卫生的自制发酵食品

臭豆腐、豆瓣酱等自制发酵食品由于卫生条件太差、放置时间长，且伴有缺氧环境，食用时不加热或加热不充分，会致使肉毒梭状芽孢杆菌产生肉毒素而引起中毒。中毒者出现视力模糊、言语不清、瞳孔扩散、肌肉麻痹、呼吸衰竭等症状直至死亡。

5. 局部腐烂的苹果

苹果在出现局部变质后，我们常喜欢切去坏的部分再食用，其实，整个苹果都已经受到细菌的污染而变质了，只是暂时没有表现出腐烂的现象来，食用时会感觉到味苦，进而可能出现恶心、呕吐等中毒现象。

6. 长斑的红薯

红薯储存过久、受潮以及破皮时，容易受到黑斑病侵袭，使其表皮长出褐色或黑色斑点，或干瘪多凹，薯心变硬发苦。红薯中所含毒素耐热，故生吃或熟吃有黑斑的红薯都会引起中毒，出现恶心、呕吐、腹痛、腹泻等症状，严重时引起发热、气喘、抽搐、昏迷甚至死亡。因此，一旦红薯发生黑斑、发硬、味苦、霉变，就不要再食用了。

7. 腐烂的生姜

腐烂后的生姜会产生一种具有致癌作用的黄樟素。食用后导致中毒造成肝脏细胞等的损伤，甚至诱发食道癌、肝癌等严重后果。因此，一定要购买干燥没有腐烂、变味的生姜。储存时也要保持干燥、无冻伤。

食物中的常见细菌

细菌是污染食品和引起食品腐败变质的主要微生物类群。食品中细菌来自内源和外源的污染，而食品中存活的细菌只是自然界细菌中的一部分。这部分在食品中常见的细菌，在食品卫生学上被称为食品细菌。

食品细菌包括致病菌、相对致病菌和非致病菌，有些致病菌还是引起食物中毒的原因。污染食品可引起腐败变质，食后会造成食物中毒。引起疾病的常见细菌分为以下科属：革兰氏阴性需氧或微需氧、能运动的螺旋形或弯曲细菌，革兰氏阴性需氧杆菌和球菌，革兰氏阴性兼性厌氧杆菌，革兰氏阳性球菌，革兰氏阳性芽孢杆菌和球菌，革兰氏阳性规则无芽孢杆菌，革兰氏阳性不规则无芽孢杆菌等。

食物中的霉菌及其危害

1. 霉菌及其毒素对食品的污染

霉菌在自然界分布很广，同时由于其可形成各种微小的孢子，因而很容易污染食品。霉菌污染食品后不仅可造成腐败变质，而且有些霉菌还可产生毒素，造成误食人畜霉菌毒素中毒。

霉菌毒素是霉菌产生的一种有毒的次生代谢产物，自从20世纪60年代发现强致癌的黄曲霉毒素以来，霉菌与霉菌毒素对食品的污染日益引起重视。霉菌毒素通常具有耐高温，无抗原性，主要侵害实质器官的特性，而且霉菌毒素多数还会致癌。

霉菌毒素的作用包括减少细胞分裂，抑制蛋白质合成和DNA的复制，抑制DNA和组蛋白形成复合物，影响核酸合成，降低免疫应答等。根据霉菌毒素作用的靶器官，可将其分为肝脏毒、肾脏毒、神经毒、光过敏性皮炎等。

人和动物一次性摄入含大量霉菌毒素的食物常会引起急性中毒，而长期摄入含少量霉菌毒素的食物则会导致慢性中毒和癌症。因此，粮食及食品由于霉变不仅会造成经济损失，有些还会造成误食人畜急性或慢性中毒，甚至导致癌症。

2. 霉菌毒素中毒

霉菌在自然界分布很广，同时由于其可形成各种微小的孢子，因而很容易污染食品。许多霉菌污染食品及其食品原料后，不仅可引起腐败变质，而且可产生毒素引起误食者霉菌毒素中毒。霉菌毒素中毒是指霉菌毒素引起的对人体健康的各种损害。人类霉菌毒素中毒大多数是由于食用了被产毒霉菌菌株污染的食品所引起的。

一般来说，产毒霉菌菌株主要在谷物粮食、发酵食品及饲草上生长产生毒素，直接在动物性食品，如肉、蛋、乳汁上产毒的较为少见。而食入大量含毒饲草的动物同样可引起各种中毒症状或残留在动物组织器官及乳汁中，致使动物性食品带毒，被人食入后仍会造成霉菌毒素中毒。

霉菌毒素中毒与人们的饮食习惯、食物种类和生活环境条件有关，所以霉菌毒素中毒常常表现出明显的地方性和季节性，甚至有些还具有地方疾病的特征。例如黄曲霉毒素中毒，黄变米中毒和赤霉病麦中毒即具有此特征。再者，霉菌毒素中毒的临床表现较为复杂，有急性中毒，也有因少量长期食入含有霉菌毒素的食品而引起的慢性中毒，也有的会诱发癌症、造成畸形和引起人体内遗传物质的突变。

霉菌污染食品，特别是霉菌毒素污染食品对人类危害极大，就全世界范围而言，不仅会造成很大的经济损失，而且可以造成人类的严重疾病甚至大批的死亡。20 世纪 60 年代英国发现黄曲霉毒素污染饲料一次性造成 19 万只火鸡死亡的事件，开始引起了人们对霉菌及霉菌毒素污染食品问题的重视和研究。癌症是当今人类社会的一大杀手，癌症发病率与人们是否食入了含有霉菌毒素的食物以及食入的食品所含霉菌毒素量的多少有很大的关系。因此从一定意义上讲，不食用霉变及含有霉菌毒素的食物就可以在很大程度上降低癌症发病率，减少癌症的发生。

新鲜果蔬及果汁的腐败变质

开始引起新鲜水果变质的微生物是酵母菌和霉菌。引起蔬菜变质的主要是酵母菌、霉菌和少数细菌。起初霉菌在果蔬表皮，或其污染物上生长，然后霉菌侵入果蔬组织，首先分解细胞壁中的纤维素，进一步分解其中的果胶、蛋白质、有机酸、淀粉、糖类等，使其变成简单物质。在外观上出现深色斑点，组织变松、变软、凹陷，渐成液浆状，并出现酸味、芳香味或酒味等。

果汁中主要发生乳酸菌以果汁中糖分、柠檬酸、苹果酸等有机酸为发酵基质的乳酸发酵和最常见的酵母菌引起的酒精发酵。在浓缩果汁中，一般性细菌难以忍受高浓度的糖分。果汁常见的霉菌是青霉，其次是曲霉。果汁变质后会呈现浑浊、产生酒精和有机酸变化，结果原有风味被破坏或产生一些异味。

乳及乳制品的腐败变质

乳及乳制品的营养成分比较完全，都含有丰富的蛋白质、极易吸收的钙和完全的维生素等。因此极易为微生物所腐败变质。

鲜乳中污染微生物主要来源于乳房内的污染微生物和环境中的微生物。主要有乳酸细菌、胨化细菌、脂肪分解细菌、酪酸细菌、产气细菌、产碱细菌以及酵母和霉菌。它们在鲜乳中的生长有一定的顺序性，可以分为抑制期、乳酸链球菌期、乳酸杆菌期、真菌期和胨化细菌期，pH 值也是先下降再逐步回升。

含水量合格的奶粉不适宜微生物生长。但原料奶污染严重,加工又不当的奶粉中可能含有沙门氏菌和金黄色葡萄球菌等病原菌。这些病原菌可能产生毒素而易引起中毒。微生物引起淡炼乳变质,一是产生凝乳,即使炼乳凝固成块。由于作用的微生物不同,凝乳又可变为甜性凝乳和酸凝乳。二是产气乳,即使炼乳产气,使罐膨胀爆裂。三是一些分解酪蛋白的芽孢杆菌作用,使炼乳产生苦味。

微生物引起甜炼乳变质也有三种结果:一是由于微生物分解甜炼乳中蔗糖产生大量气体而发生胀罐;二是许多微生物产生的凝乳酶使炼乳变稠;三是霉菌污染时会形成各种颜色的纽扣状干酪样凝块,使甜炼乳呈现金属味和干酪味等。

肉、鱼、蛋类的腐败变质

禽畜肉类的微生物污染,一是在宰杀过程中各个环节上的污染;二是病畜、病禽肉类所带有的各种病原菌,如沙门氏菌、金黄色葡萄球菌、结核杆菌、布鲁氏菌等。腐生性微生物污染肉类后,在高温高湿条件下很快使肉类腐败变质。肉类腐败变质,先是由于乳酸菌、酵母菌和其他一些革兰氏阴性细菌在肉类表面上的生长,形成菌苔而发黏。然后分解蛋白质产生的硫化氢与血红蛋白形成硫化氢血红蛋白而变成暗绿色,也由于各种微生物生长而产生不同色素,霉菌生长形成各种霉斑。同时可产生各种异味,如哈喇味、酸味、泥土味和恶臭味等。

鱼类极易为水生微生物引起腐败变质。假单胞菌、无色杆菌、黄杆菌、产碱杆菌、气单胞菌等,是新鲜鱼类的主要腐败菌。新鲜鱼类变质后组织疏松、无光泽,由于组织分解产生的吲哚、硫醇、氨、硫化氢、粪臭素等,而常有恶臭难闻。腌鱼由于嗜盐细菌的生长而有橙色出现。

鲜蛋也可以由于卵巢内污染、产蛋时污染和蛋壳污染而发生微生物性腐败变质。污染鲜蛋的微生物有禽病病原菌、其他腐生性细菌和霉菌等。它们使鲜蛋成为散黄蛋，并进一步分解产生硫化氢、氨、粪臭素等，蛋液成灰绿色，产生恶臭并黏附于蛋壳、蛋膜上。

罐藏食品的腐败变质

罐藏食品也会发生腐败变质，其原因在于杀菌不彻底，罐内仍残留有一定量的微生物，或者罐头密封不良而漏罐，外界微生物进入。

由于灭菌不彻底而残留的微生物，一般以嗜热性芽孢杆菌为主。它们所引起的罐头腐败变质有三种：一是罐头外观正常，但内部 pH 值可下降 0.1～0.3，称为平酸变质；二是 TA(thermo-anaerobes)嗜热性厌氧菌腐败，产气、产酸并可使罐头胀裂；三是产生硫化物腐败食品。如罐头中未杀灭的是厌氧性梭状芽孢杆菌，则可能会进行丁酸发酵，并产生氢气和 CO_2，不产芽孢细菌的污染主要是由于罐头漏罐所引起的，它们使罐头内食品发生浑浊、沉淀，风味改变和产气胀罐。

对于发生腐败变质的罐头食品，必须根据腐败变质的现象作微生物学分析，如是否产气胀罐，是否浑浊沉淀，是否变酸或 pH 上升等等，以便做出正确判断，避免腐败变质的进一步发生。

第四章　日常生活中的饮食陷阱

“红心蛋”

1. 丽素红让普通鸡蛋摇身变成土鸡蛋

人们有一种错觉，柴鸡蛋，也就是土鸡蛋的营养价值要高于普通鸡蛋。市场上，柴鸡蛋的价格也远高于肉鸡蛋。人们还有一种错觉，认为柴鸡蛋都是红心的。于是，“聪明”的不法商贩们开始琢磨如何让普通鸡蛋变成“红心”的柴鸡蛋。他们还真找到了办法——在饲料里添加工业色素丽素红。

丽素红是一种人工合成的类胡萝卜素的色素，它可以作为饲料添加剂，但是有严格的限量。你从马路边、集贸市场或超市中购买的自以为安全营养的柴鸡蛋，或许就是这种加了丽素红的“红心”鸡蛋。

2. 苏丹红催红鸡蛋

为了让鸡蛋蛋心色泽更深更红，一些不法养鸡户在饲料中添加含苏丹红的“红粉”，让有毒鸡蛋流向市场。

苏丹红学名叫苏丹，属偶氮系列化工合成染色剂。这种色素常用于工业方面，比如溶解剂、机油、蜡和鞋油等产品的染色。由于苏丹红具有致突变性和致癌性，也可能造成人体肝脏细胞的 DNA 突变，因此全球多数国家都禁止将其用于食品生产。

值得注意的是，这些苏丹红鸡蛋不仅仅是在地下市场上偷偷摸摸地交易，还堂而皇之地摆在大超市中。例如 2006 年 11 月，质检人员在福州一家家乐福超市和另一家超市曾查出含有苏丹红四号（比苏丹红一号毒性更大）的鸡蛋，其中柴鸡蛋和普通鲜鸡蛋都有。继福州之后，在长沙、贵州等地也相继查出“染红”鸡蛋。

毒馅包子

不安全包子的问题主要在馅上，它们的肉馅极有可能是病猪或者是猪身上带有大量淋巴结的槽头肉做成的，蔬菜也可能用的是烂菜叶。这其中，肉馅的问题对人体的危害最甚。一般说来，问题肉包子存在以下 4 大问题。

1. 做馅的猪肉以次充好

有些商贩使用猪的“血脖肉”或者碎肉（即哪个部位的肉都有）做包子馅。“血脖肉”又称“槽头肉”，是指连接生猪头部和躯干的部分，这部分含有大量淋巴结、脂肪瘤和甲状腺，富含病毒、激素等物质。我国已明令禁止销售未经处理的“血脖肉”。“血脖肉”最大的危害来自于其所含的淋巴结、脂肪瘤和甲状腺。

淋巴结位于喉部，具有过滤和吞噬病原微生物的作用，其自身也积存了大量的病菌和病毒，短时间加热不易将其杀灭，食用后很容易感染疾病。

脂肪瘤因其中含有病菌、病毒，其危害是可想而知的。

甲状腺位于动物脖颈的喉头气管处。甲状腺的主要成分是甲状腺素，其性质稳定、耐热，要加热到 600℃以上时才会被破坏。人食用了甲状腺后，甲状腺中所含的大量甲状腺激素会扰乱人体正常的内分泌活动，影响神经系统，严重的还可能导致死亡。

2. 肉馅里掺杂不新鲜的蔬菜

这样一来，成本比新鲜蔬菜至少要便宜 30%，然而不新鲜的蔬菜里水分大量流失、营养下降，口味差不说，有的还会产生硝酸盐等有害物质。

3. 滥用猪油

猪油让包子馅闻起来更香,而猪油容易氧化变质,不但营养成分低,吃了还会引发消化系统疾病。

4. 乱加调料

一旦做馅的原料有点变质,只要不是太严重,有些商贩便会多加调料和盐,用以掩盖不新鲜原料的少许杂味。吃了这种包子不中毒才怪。

我国面粉质量不容乐观

当前我国的面粉质量不容乐观,市场上滥用面粉增白剂的现象很严重,我国近几年的面粉抽检结果表明,一半以上的产品存在增白剂严重超标的问题。面粉增白剂是人工合成的非营养性的化学物质,对人体有许多害处。以下两种增白剂对人体危害最大。

1. 过氧化苯甲酰

目前在面粉中最常用的增白剂,它是一种强氧化剂,能够破坏面粉中的维生素 A 和 E 等营养成分,长期食用会对肝脏造成损害,世界上许多国家是严禁使用的。

2. "吊白块"

近年来,许多的不法生产者把"吊白块"违法添加到面粉等食品中进行增白,从而严重危害了消费者的身体健康。什么是

"吊白块"？它的化学名称是甲醛次硫酸氢钠，它在高温下有极强的还原性，使其具有漂白作用，其水溶液在60℃以上开始分解为有毒有害物质。遇酸即分解，120℃下分解为甲醛、二氧化碳和硫化氢等有毒气体。"吊白块"不是食品添加剂，而是印染工业中作为拔染剂使用的。这些有害气体可使人头痛、乏力、食欲差，严重时甚至可致鼻咽癌等癌症。有研究表明，口服甲醛10—20ml，吸入硫化氢气体几口，可导致人体死亡。国际癌症研究组织指出，长期接触甲醛者，鼻腔或鼻咽部发生肿瘤的机会明显增加。2002年10月国家质检总局发布并实施了《禁止在食品中使用次硫酸氢钠甲醛（吊白块）产品的监督管理规定》。

四种反季水果要少吃

最好少买反季水果，应当多买时令水果。时令水果在自然环境中长熟，不用催熟剂，存储时也不用过多防腐剂，食用时相对放心一些。

1. 草莓

中间有空心、形状不规则又硕大的草莓，一般是激素过量所致。草莓用了催熟剂或其他激素类药后生长期变短，颜色鲜艳了，但果味却变淡了。过量使用激素的草莓形状不规则，果面凹凸不平，果形不整。自然生长的草莓呈圆锥形或长圆锥形。

2. 香蕉

为了让香蕉表皮变得嫩黄好看，有的不法商贩用二氧化硫来催熟，但果肉吃上去仍是硬硬的，一点也不甜。二氧化硫对人体是有害的。

3. 西瓜

超标准地使用催熟剂、膨大剂及剧毒农药，从而使西瓜带毒。这种西瓜皮上的条纹不均匀，切开后瓜瓤特别鲜艳，可瓜子却是白色的，吃完嘴里有异味。

4. 葡萄

一些不法商贩和果农使用催熟剂——乙烯利。使用者把乙烯利用水按比例稀释后，将没有成熟的青葡萄放入稀释液中浸湿，过一两天青葡萄就变成紫葡萄了。

不合格饮料

1. 饮料添加剂含量超标

按照国家相关标准，在饮料产品中应不得检出甜蜜素、柠檬黄、日落黄色素等添加剂。但是，一些企业为降低成本，增加食品的色泽，依然违规使用甜味剂代替白砂糖，造成甜蜜素和糖精钠超标。

甜蜜素是甜味剂的一种，相比于白糖，甜蜜素的价格要便宜近10%，但甜度却是白糖的40～50倍。很显然，使用甜蜜素可以为生产商节约大量成本，这也是驱使不法商人违规的原动力。过量使用甜味剂虽然增加了口感，但因为其不易代谢，会对人体产生危害。

而过量的柠檬黄、日落黄色素等着色剂以及防腐剂对人体的肝脏、肾脏功能有极大的危害。

2. 饮料成分不达标

主要成分不达标的产品无疑是不合格产品，轻者欺骗了消费者的感情和口袋里的银子，重者同样有害健康。例如有些果汁饮料中没有果汁，只有水和食品添加剂，消费者花了果汁的钱却喝着廉价且有害的色素水。具体说来，各种饮料成分不达标的表现形式如下。

(1)含乳饮料蛋白质含量不合格。蛋白质是衡量乳饮料和植物蛋白饮料营养指标的重要项目，造成蛋白质含量不合格的原因可能是生产过程中加入鲜乳或乳粉量不足，或者原料鲜乳或乳粉本身就不合格。

(2)碳酸饮料中二氧化碳气容量不合格。足够的二氧化碳气容量能使饮料保持一定的酸度，具有一定的杀菌和抑菌作用，并可通过蒸发带走热量起到降温作用。二氧化碳气容量达不到标准要求，就不能称之为碳酸饮料。

(3)个别果汁饮料中果汁含量不足甚至不含果汁。果汁饮料是由水、果汁和食品添加剂调制，果汁含量不低于10%的产品，否则就只能称为果味饮料。导致果汁含量不达标的原因主要有三个方面：一是原料问题，有些企业将橙(柑、橘)皮一起榨入，致使果汁含量降低；二是生产过程把关不严，稀释过多；三是灌装时未搅拌均匀。

(4)茶饮料中茶多酚、咖啡因不符合标准。个别茶饮料在配料方面偷工减料。

火锅底料里的猫腻

1. 火锅底料中的罂粟壳让你欲罢不能

火锅味道好坏，全在火锅底料。锅底是火锅店的看家秘方，配料通常都十分讲究。为了提高汤的鲜美度，在火锅汤里添加罂粟壳早已不是什么秘密，添加范围不只是火锅底料，麻辣烫、羊肉串、刀削面等食品中都可能添加。

2. 馋人的底料可能来自黑作坊

那些看起来色泽鲜亮、闻起来香喷喷的红油和风格各异的火锅底料是勾起食客食欲的主要原因之一。不过，你可能想不到，在锅里翻腾的诱人的锅底可能来自肮脏的黑作坊，看起来鲜亮的红油可能是用猪油造的（正常的火锅底料会用到牛油、色拉油，绝不会用到猪油）。

3. 回收锅底再加工

如果用黑锅底还可以眼不见为净，那么若吃掺了别人口水的回收锅底，再加上口水油，恐怕谁都难以接受。

4. 牛油石蜡造

按照卫生部门的有关规定，即使是食用蜡，也严禁在火锅底料中使用，更何况掺入的是只能在包装上使用的石蜡。要知道，食品包装蜡里含有多烷烃类致癌物质。如果这种石蜡在火锅里面长时间蒸煮，它会分解成更小的低分子化合物，这种化合物主要是对人的呼吸道、肠胃系统造成影响。有些物质可能会在人体蓄积,造成长期的慢性危害。

留意粽子里的安全隐患

1. 留神"返青粽叶"化工原料染色而成

一些消费者购买粽子时,往往青睐颜色靓丽、粽叶翠绿的粽子,认为这样的粽子新鲜好吃。殊不知,这样的粽叶多为经过化工原料染色返青而成的,虽然颜色光鲜亮丽,实则对食用者的身体健康不利。此外,"返青粽叶"包裹制成的粽子,在煮熟后非但缺乏正常粽叶制成的粽子带有的浓厚粽香味,相反还带有硫黄味,口感与香味并不好。

2. 小心塑料绳加热后释放毒素

一些商贩在制作粽子过程中用塑料绳或尼龙绳来进行捆绑,其实,这样的捆线并不环保,也不健康。因为它们会随着粽子的蒸煮加热而分解出甲醛等有害毒素,这些毒素会渗入到粽子里,当人食用了含毒素的粽子后,易出现胃肠不适、恶心头晕、腹痛腹泻等不良反应。

此外,为了区分不同口味的粽子,一些商家还喜欢使用花花绿绿的彩线来捆绑粽子,其实这样的捆线也存在粽子高温蒸煮过程中掉色的可能。所以,为了健康,还是选择没有经过染色的白色棉线捆绑的粽子最安全。

3. 小心过期糯米改头换面重入市

除了留意以上两种隐患,消费者在购买粽子时还要小心买到过期粽子。一些不良商家使用过期糯米包制粽子,再对其进行重新包装、修改生产日期，即“改头换面”后随即售卖。如果不加辨别地误食过期粽子，轻则容易出现腹泻呕吐，重则可能导致食物中毒。

喝桶装水的安全隐患

1. 废弃塑料制成水桶

合格的瓶装纯净水不但加工程序严格，而且瓶体绝不允许回收反复使用。而一些小厂不但生产设备、生产工艺简单，而且重复利用其他厂家的废弃水瓶。这样一来，劣质的产品较之知名品牌，价格要低许多，但质量却难以保证，若清洗消毒工作做得不过关，容易污染水质，如菌落总数高、含有杂物等。在车站、街头那些沿街叫卖的廉价瓶装水用的通常就是这种回收瓶。

除了瓶装水，灌装水桶的安全问题越来越成为焦点。按照规定，一个全新的合格水桶在使用了两三年后就必须淘汰更新。此外，每发展一个客户的同时还需要五六个水桶做储备。一个合格水桶的直接成本高达 27 元，卖价则可以达到 28～30 元。在日益激烈的市场竞争下，水桶的高额成本往往成为制约杂牌桶装水企业经营的瓶颈，正是这样的背景为“黑桶”的出现提供了市场。

根据资料显示，不合格水桶多数是以回收的各种废旧塑料经过二次加工制成。这些回收废料中有食品级原料，如太空杯；非食品级原料，如阳光板、光碟；医用原料，如血浆泵、血浆杯。不法厂商将这些废旧塑料塑化造粒，在造粒的过程中加入蓝色的工业用色素（因为桶装水桶都是蓝色的），蓝色的“黑桶”就这样制成了。

“黑心桶”含有的毒害性化学物质，如乙醛、氯化氢，会在日常使用过程中释放出来，对人体造成危害——乙醛对人体呼吸系统、交感神经会造成影响，可引起肝、肾脂肪性病变，甚至引发肿瘤物。此外，这些化学物质还可能影响到胎儿。

2. 饮水机的二次污染

根据国家标准，桶装纯水菌落总数应该小于 20 个/毫升，而卫生防疫部门对饮水机出口采集的冰水冷水样品检测结果表明，菌落总数大多不符合标准，有的甚至超标上千倍，其原因主要是由于放水时会有空气进入饮水机的贮水缸，空气中的细菌自然也进去了，并在温度适宜的水缸内迅速繁殖，几天后每毫升水中菌落总数成千上万就不足为奇了，这对桶装水用户的健康带来了潜在危害。

为了解决饮水机的“二次污染”，目前常用的方法是用消毒药水清洗，然后再用洁净的桶装水冲洗饮水机。清洗法对于消除污垢、杀灭细菌是很有效的，但从大量调查情况来看，因饮水机和水本身无任何灭菌措施，细菌又会迅速繁殖。据调查，消毒过的饮水机使用 4 天后菌落总数就会达 5700 个/毫升，而我们的饮水机常常是几个月都不清洗，其中有多少细菌，算得清楚吗？

劣质餐具的危害

1. 劣质水晶玻璃铅超标

所谓水晶玻璃，是在普通玻璃中添加了某些化学成分而形成的一种玻璃。由于它的折射率、硬度、光亮度和透明度都比普通玻璃好，所以广泛用于生产制造工艺品和日常生活用具，并受到消费者的喜爱。目前水晶玻璃有两种：一种是添加了氧化铅的含铅水晶玻璃，其氧化铅的含量可达 24%；另一种是无铅水晶玻璃。容易发生铅中毒的就是前者。

含铅水晶玻璃不宜盛放高酒精浓度的饮料或酸性饮料，如酒类、可乐、蜂蜜和含果酸的果汁等酸性饮料或其他酸性食物。铅离子可能形成可溶性的铅盐随饮料或食品被人体摄入，长期使用可造成慢性铅中毒。早期的铅中毒常常不易被发现，然而一旦出现中毒症状后，却常常因无明显的铅接触史而被误诊。

市场上流通的水晶玻璃产品分两种：无铅水晶玻璃和含铅水晶玻璃，正规企业的产品都会在外包装上明确标注，而且价格相对昂贵。那些既无标识，又过于便宜的所谓水晶玻璃器皿造假可能性极大，安全性很难保证。

2. 劣质陶瓷铅镉超标

现在许多人喜欢用陶瓷杯喝水，特别是崇尚小资情调的年轻人，尤其喜欢色彩各异的陶瓷制品。那些色彩鲜艳的陶瓷杯看起来确实赏心悦目，不过，它们可能为你埋下了一颗“铅超标”的定时炸弹。

陶瓷器具的铅主要来源于陶瓷釉上的装饰材料，如陶瓷颜料、陶瓷贴画等。一般来说,高质量的玻璃、陶瓷器具是合格的,但是国内日用陶瓷饮食器具市场仍以档次较低的产品为主,尤其是一些个体、私营企业,他们为了降低成本,采购铅、镉含量高、性能不稳定的廉价装饰材料;生产过程中,装饰面积过大、随意缩短烤花时间或降低烤花温度,甚至使用"跟着工人经验走"的老式烤花炉,这些都会造成陶瓷制品铅、镉溶出量不符合标准。

3. 紫砂壶造假

(1)假冒紫砂壶。用普通的泥或者劣质泥加入氧化铁等化学物质假冒紫砂壶。近些年来随着大量矿源的开采和消耗,优质砂泥的产量已经越来越少,随之而来的是优质砂泥的价格越来越高。为了降低成本,许多奸商想到了用烂砂来制壶。这些烂砂价格低廉,最便宜的能低到几分钱一斤。为了能使烂砂最终烧出像模像样的紫砂壶,不法制壶商会在炼制过程中添加各种化学添加剂。

(2)用一些不安全的手法打磨紫砂壶。许多人以为紫砂壶越老越好,所以造假者为了迎合这种需求,给紫砂茶具擦皮鞋油,或者用强酸腐蚀作旧;也有人给紫砂壶涂上白水泥然后用水去泡,做成出土效果。如果用这样的茶具喝茶,危害不言而喻。

(3)在陶土中随意添加化学原料,使制作出来的壶色彩鲜艳,以满足人们的观赏需求。用这种壶泡茶会有异味。另外,添加的化学物质多含有金属离子,如铁、铜等,常用不但不养身还会伤身。

3. 劣质塑料器具

塑料制品的材料分为三种,第一类是聚乙烯、聚丙烯和密氨,第二类是聚碳酸酯,第三类是聚氯乙烯。通常来说,以聚乙烯、聚丙烯和密氨等为原料的塑料制品无毒，可以耐高温；而以聚碳酸酯制成的器皿或奶瓶，盛装热水及油类时，会释放出酚甲烷，人体吸收后，会使内分泌受到干扰。

从食品安全和法律的角度，聚氯乙烯是不允许制成水杯或者餐具的，原因是聚氯乙烯在加工时必须加入一定的助剂才能够制成塑料制品。这些助剂在高温的状态下并不稳定，所含有的双酚类等有毒物就会析出，浸入食物。这些化学物质对人体有强烈刺激性，浓度高时有麻醉作用，并对中枢神经系统有严重危害。所以，在购买时要看清楚使用的材料和温度范围。

此外，许多塑料餐具的表层图案中的铅、镉等金属元素会对人体造成伤害。一般的塑料制品表面有一层保护膜，这层膜一旦被划破，有害物质就会释放出来。因此消费者应尽量选择没有装饰图案、无色无味、表面光洁、手感结实的塑料餐具。消费者可挑选商品上标注 PE(聚乙烯)和 PP(聚丙烯)字样的塑料制品，比较安全。

4. 劣质一次性塑料餐盒

目前我国每年使用的一次性餐盒超过 120 亿个，其中 50%以上不合格，主要原因是原料含多种有害物质，卫生性能存在较大问题。

一些一次性餐盒在生产过程中添加大量的工业碳酸钙、回收废料和工业石蜡。其中，工业碳酸钙很容易导致胆结石、肾结石，内含的大量重金属对人体的消化道、神经系统也有很大的危害。特别是处于发育期的儿童，这些重金属可能对其神经系统造成影响，甚至造成多动症；工业石蜡中含有致癌的多环芳烃等有害物质；回收料则含有很多细菌、病毒，同时还含有苯、芳香环族等致癌物质。据有关部门的检测发现，这种餐盒的工业碳酸钙残渣、重金属、石蜡、苯等都超过了国家标准，最高的超过了 160 倍。

小心 PVC 保鲜膜有毒

我国国内市场的保鲜膜共有三种。

第一种是聚乙烯，简称 PE，这种材料主要用于食品包装，市场上销售的家用保鲜膜就是这种。

第二种是聚偏二氯乙烯，简称 PVDC，氧气阻隔性比较好，保鲜时间长，主要用于熟食、火腿等产品的包装。但这种材质价格高，制作工艺难度大，因此市场上这种保鲜膜较少。

第三种叫聚氯乙烯，简称 PVC，是由 PVC 树脂加入大量增塑剂(DHEA)和其他助剂加工而成，超市采购、包装食品多为这种保鲜膜。PVC 保鲜膜透明性好，不易破裂，具有很好的黏性，且价格较低。

在常态下，PVC 不会对人体造成危害。PVC 在我们的日常生活中应用非常广泛，比如血液袋和输液管都是 PVC 材质。

PVC 是在微波炉加热后或包装过热及油性大的食品，才会析出有害物质。PVC 是高分子材料，性能比较稳定，只有在加热到其塑料性能被破坏，才会释放出氯化氢，对人体造成伤害。至于 PVC 所含的氯是否致癌，并且对身体的伤害有多大，目前没有任何科学试验依据能得出具体结论。

消费者在选购保鲜膜包装的食品时，可以自己对 PE 和 PVC 保鲜膜进行区分，PE 保鲜膜的黏性和透明度较差，用手揉搓以后容易打开；而 PVC 保鲜膜则透明度和黏性较好，用手揉搓以后不好展开，容易粘在手上；PE 保鲜膜的味道较淡，有一股蜡烛味儿，PVC 保鲜膜味道较重；燃烧后，PVC 保鲜膜会有明显的焦黑痕迹，PE 保鲜膜没有。

值得注意的是，所有塑料制品都是温度越高，热稳定性越差，也就很容易释放出不良成分或者气体。因此，安全起见，所有保鲜膜都不应和食品一起放入微波炉中加热。

劣质餐巾纸、纸杯含荧光增白剂

将劣质餐巾纸、纸杯放置在波长254nm紫外灯下，能够明显看到分散在该产品上的荧光点，数量多、亮度强。董金狮表示，黑心厂家在生产过程中不但大量使用来源不明的各种废纸，而且为了掩盖杂质和增白，人为添加了有毒有害荧光增白剂、工业滑石粉等。他说，滑石粉属于矿物质，人吃多了会患胆、肾结石，若使用的是工业滑石粉，里面还含有铅、镉等重金属，容易对人的神经系统、血液系统产生损害，对儿童的智力发育影响尤其大。

据了解，国家规定餐巾纸必须使用100%原生纸浆制作，对原生纸浆有相应的国标，而有些厂家使用"纯木浆"就是打了个概念的擦边球，"纯木浆"可能含有回收的木浆纸(再生纸)，根据国家规定，回收纸是不能用于餐巾纸等纸巾纸的生产的。质量好的餐巾纸沉入水中平展，劣质卫生纸见水后缩成一团。

消费者尽量不要使用彩色或带颜色图案的餐巾纸，尤其注意不能拿带色餐巾纸以及餐巾纸上印有图案的部分接触食品，否则颜色会黏附在食物上带来安全隐患。出门自带手绢，环保、安全又时尚。

消费者如何辨别合格餐巾纸呢？劣质餐巾纸非常薄，有黑色杂质，看起来暗淡粗糙，合格产品白度适中、洁净；劣质餐巾纸手感粗糙、纸质较硬，而合格的餐巾纸手感细腻柔软、抗拉力强；尽量少用餐巾纸擦嘴，如果要用，最好先在手上试一试，有纸屑掉落的则是劣质纸巾。

美过容的一次性筷子

1. 要想白，硫黄熏

正规厂家生产的一次性筷子所用的原料都是质地比较好的木材，不用经过特殊加工，但是劣质的筷子采用的是劣质木材，看上去“肤色”较黑。为给筷子“美白”，一些不法分子会用硫黄熏蒸漂白，过于洁白的筷子可能经过漂白。硫黄燃烧后会产生对人体有害的二氧化硫，在熏制过程中会残留在筷子上。这样的筷子在使用过程中遇热会释放二氧化硫，二氧化硫遇水会生成硫酸，从而侵蚀呼吸道黏膜。

2. 熏不白，用漂白粉

有些变黄、发黑甚至霉变的筷子即使经过硫黄熏制，也很难变白，商家就用漂白粉、双氧水等再次浸泡、漂白，然后用滑石粉抛光。有的加工点甚至用洗衣粉清洗发霉的筷子。我们知道，双氧水、漂白粉具有强烈的腐蚀性，会对口腔、食道甚至胃肠造成腐蚀；滑石粉如果进入人体，会慢慢累积，使人患上胆结石。

第五章　食品质量的感官检测

禽蛋质量的鉴别

1. 禽蛋质量的感官鉴别

蛋的外观检查方法为：眼看，即用眼睛观察蛋的形状、大小、色泽、清洁程度等；手摸，即用手触摸蛋壳表面是光滑还是粗糙，并掂量蛋的轻重；耳听，即把蛋拿在手上，使蛋与蛋相互碰击，细听其声，再将蛋拿到近耳处，摇动时感觉蛋内有无流动感，细听有无响水声；鼻嗅，即向蛋壳上哈一口气，然后用鼻子嗅其气味。经过全面的外观检查，可将蛋的新鲜度分为三个级别。

(1)良质蛋。蛋壳清洁、完整，上有一层白霜(壳外膜)，色泽鲜明，但不光亮；蛋壳粗糙，掂量有沉的感觉；蛋与蛋相互碰击时声音清脆，手握摇动时无流动感和响水声；鼻嗅时有轻微生石灰味，无异臭味。

(2)次质蛋。蛋壳上稍有粪土污染，白霜样壳外膜不明显，蛋壳色泽较暗；经看蛋壳和听撞击声音，可发现蛋壳上有裂纹(裂纹蛋)或硌窝(蛋壳小面积下陷，但蛋清未流出，称硌窝蛋)，或者蛋壳局部破损，有部分蛋清流出；未破裂的次质蛋手摇动时内容物有流动感，还能听到轻微的响水声；鼻嗅时有轻微的生石灰味或轻度霉味。

(3)变质蛋。蛋壳表面的白霜状物全部消失，壳色油亮，呈乌灰色或暗黑色，有油样浸出，这种蛋为腐败蛋(也称老黑蛋)；受潮霉蛋外壳多污秽不洁，常有大理石样斑纹，严重时可见到霉点、霉斑；孵化或经反复漂洗的蛋，外壳异常光亮，气孔较显露。这些蛋用手摸时觉得有光滑感，掂量时蛋体过轻，手握摇动时内容物有明显的响水声，鼻嗅时往往有霉味或腐败臭味等不良气味。

2. 灯光透视法鉴别禽蛋质量

灯光透视检查是指在暗室中，用手握住蛋体紧贴在照蛋器的光线洞口上，前后、上下、左右来回轻轻转动，借助于光线看蛋壳有无裂纹、气室大小、蛋黄移动的影子、内容物的透光程度及蛋内有无污斑、黑点、异物、胚胎等现象，以鉴别蛋的质量。

在市场上无暗室和照蛋设备时，可用手电筒围上暗色纸筒（照蛋端直径稍小于蛋）进行检查。如有阳光，也可以用纸筒对着阳光直接观察。经照蛋检查，可把蛋的新鲜度分为以下三个级别。

(1)良质蛋。气室高度在10mm以内，整个蛋内容物呈橘红或红黄色，略见蛋黄阴影或完全不见，蛋黄位于中央，且不移动，蛋内无任何斑点，蛋壳无裂纹。

(2)次质蛋。一类次质蛋的气室高于10mm，蛋黄阴影清楚，能够转动，且位置上移，不再居于中央，有的蛋黄上浮靠近蛋壳（靠黄蛋）。这些蛋系产后2～3个月的蛋。二类次质蛋可见蛋黄上出现小血圈（血圈蛋），或有明显的血丝（血丝蛋），或蛋黄贴壳处在照蛋时呈红色（红贴壳蛋），或蛋黄贴壳处呈黑色（轻度黑贴壳蛋），或者蛋黄不完整呈云雾状（散黄蛋），或蛋壳内壁有霉点（轻度霉蛋）。这些次品蛋必需经高温处理（中心温度达85℃以上）后才能食用。

(3)变质蛋和孵化蛋。照蛋时见黄白混杂不清，呈均匀灰黄色（泻黄蛋），或贴壳处黑色部分超过蛋黄的一半（重度黑贴壳蛋），或见内部有较大黑斑或多数黑点（重度霉蛋），或全蛋不透光呈灰黑色（黑腐蛋），或能看见胚胎周围有很多树枝状血丝、血点（中晚期孵化蛋），有的还能观察到小雏的眼睛（晚期孵化蛋）。

问题鱼辨别

1. 毒死鱼鉴别

在农贸市场上，常见有被农药毒死的鱼类出售。购买时，要特别注意。毒死鱼可从以下方面鉴别。

(1)鱼嘴。正常鱼死亡后，闭合的嘴能自然拉开。毒死的鱼，鱼嘴紧闭，不易自然拉开。

(2)鱼鳃。正常死的鲜鱼，其鳃色是鲜红或淡红。毒死的鱼，鳃色为紫红或棕红。

(3)鱼鳍。正常死的鲜鱼，其膜鳍紧贴腹部。毒死的鱼，腹鳍张开而发硬。

(4)气味。正常死的鲜鱼，有一股鱼腥味，无其他异味。毒死的鱼，从鱼鳃中能闻到一点农药味。

2. 被污染鱼的鉴别

江河、湖泊由于受工业废水排放的影响，致使鱼遭受污染而死亡，这些受污染的鱼也常进入市场出售。污染鱼的鉴别内容，有以下几个方面。

(1)体态。污染的鱼，常呈畸形，如头大尾小，或头小尾大，腹部发胀发软，脊椎弯曲，鱼鳞色泽发黄、发红或发青。

(2)鱼眼。污染的鱼，眼球浑浊、无光泽，有的眼球向外凸出。

(3)鱼鳃。污染的鱼，鳃丝色泽暗淡，通常发白的居多数。

(4)气味。污染的鱼，一般有氨味、煤油味、硫化氢等气味，缺乏鱼腥味。

大米质量鉴别

1. 大米质量辨别方法

一闻。优质的大米会有一种特有的清香，人们通过嗅觉可以辨别出来。

二尝。优质的大米放在嘴里生吃时不会有异味，而且容易被咬碎，舌头能尝到淀粉的味道。

三抓。优质的大米经过手在袋中反复抓后，人们能够清晰地看到袋子周围和手上有白色物质出现，这是“整容”陈米不具备的。

四冲。优质的大米经温水冲洗不会产生大量杂质，而劣米和一些“整容”大米冲泡后会在水中沉淀大量杂质，加入的油渍、蜡渍经水泡后也会现出原形。

2. 识别以次充好的大米

(1)大米中掺白石。这种作假手法的目的，是为了增加大米的重量。识别方法是：察看大米中的沙砾，原有的沙砾没有棱角、比较圆润，而新掺入的沙砾则棱角分明。

(2)好稻米中掺籼米。经过加工的籼米是碎小的米粒，比较容易辨别。识别方法是：抓一把米在手里摊开，如发现其中有碎小的米粒，则可以判定是掺假的米。

(3)粳米冒充好稻米。作假手法通常是：将绿、白两种颜色混合后拌入粳米中，使粳米颜色发青，并且表面光洁，形似稻米。识别方法是：没有上色的粳米颜色发紫，用手摸会沾上米糠面；上过色的粳米用手摸会有光滑感，不会粘上米糠面。

如何辨别染色食品

1. 鉴别黑色食品真假

黑色食物,如黑芝麻、黑豆、黑米,是最容易被染色的食物。要想鉴别黑色食品是真是假,还是相当简单的。购买时可注意颜色是否自然。捧起一把黑米、黑豆,它们的颜色深浅不应完全一致。有的颗粒深一点,有的浅一点。擦去浮尘,表面应有光泽,不发乌发暗。而染出来的黑色深浅一致,毫无差异,表面没有自然的光泽。

将生黑芝麻放入冷水中,如掉色快,很有可能是被染色了。正常的黑芝麻经水浸泡后会出现轻微掉色现象,但颜色不会过深。黑芝麻中的天然色素溶解于水有一个过程,因此生黑芝麻放在常温冷水中不会迅速掉色,但陈年黑芝麻除外。

鉴别黑色和紫色食品(如紫甘蓝、紫薯等)的真假,其实还有个化学小方法,加点醋或加点碱。黑色食品的色素是花青素,它有一个特殊的性质:遇酸变红,遇碱变蓝。

如紫薯的颜色本来紫得发暗,只要加了足够多的醋,就会变成艳丽的深粉红色。而紫米在做馒头、饼的时候,如果加了碱或者泡打粉,就会变成蓝紫色。

2. 绿色食品真假鉴别

除了黑紫色食品外,还有绿色、橙红色和黄色的食品。其中绿色比较容易鉴别,因为绿色是来自于叶绿素的。叶绿素遇到酸,就会褪色变成浅橄榄绿色。买到翠绿色海带、裙带菜等干菜,只要加醋煮一下,如果不变色,就知道绿色是染出来的了。

一般，干菜呈干褐色才是正常状态。

3. 黄色和橙红色食品真假鉴别

黄色和橙红色的食品比较难鉴别。它们是颜色都源于类胡萝卜素家族。类胡萝卜素不怕煮，也不会因为酸碱轻易变色。但有个特点就是不溶于水，喜欢溶于油脂，因此炒菜时会有颜色。而柠檬黄、苋菜红等色素，却是可以溶于水的。用这个差异，也可以鉴别出来。

识别真正的杂粮馒头

很多超市都有全麦馒头或添加了玉米粉、燕麦粉、豆粉等杂粮的主食，其中个别是在细粮中加色素冒充的。

鉴别它们并不难。因粗粮难以发酵，所以杂粮馒头的质地和口感是没法伪造的，如果粗粮馒头的口感细腻得像白面馒头一样，那就是假冒产品。

好的玉米馒头需加 30%的玉米粉，其质地肯定比较粗糙，弹性差，如果质地细腻均匀，必然是假玉米馒头，其颜色来自黄色素，香气来自玉米香精。

有的“全麦食品”看起来黑黑的，实际是加焦糖色素做成的(真正的全麦面包的颜色不是特别深)，饭店里供应的黑乎乎的，用以夹干菜肉丝等的所谓杂粮馒头大多属于这类。有的所谓全麦馒头是在染色白馒头上撒点麦麸来“化妆”，而口感仍很细腻则也是假冒的。

面包质量鉴别

面包可分为主食面包和点心面包两类。主食面包是以面粉为原料，加入盐水和酵母等，经发酵烘烤而成的，其形状有圆形、长方形等，多带咸味。点心面包除了面粉外还在原料中加入了较多的糖、油、蛋奶、果料等，多呈甜味，根据配料和制作的差异可分为清甜型、水果型、夹馅型、油酥型等。

1. 色泽鉴别

良质面包表面呈金黄色至棕黄色，色泽均匀一致，有光泽，无烤焦、发白现象存在。次质面包表面呈黑红色，底部为棕红色，光泽度略差，色泽分布不均。劣质面包生、糊现象严重，或有部分发霉而呈现灰斑。

2. 形状鉴别

良质面包——圆形面包必须是凸圆的，切片面包截面大小应相同，其他的花样面包都应整齐端正，所有面包表面均向外鼓凸。次质面包略有些变形，有少部分粘连处，有花纹的产品不清晰。劣质面包外观严重走形，塌架、粘连都相当严重。

3. 组织结构鉴别

良质面包切面上观察到气孔均匀细密，无大孔洞，内质洁白而富有弹性，果料散布均匀，组织蓬松似海绵状，无生心。次质面包组织蓬松暄软的程度稍差，气孔不均匀，弹性也稍差。劣质面包起发不良，无气孔，有生心，不蓬松，无弹性，果料变色。

4. 气味和滋味鉴别

良质面包食之香甜暄软，不粘牙，有该品种特有的风味，而且有酵母发酵后的清香味道。次质面包柔软程度稍差，食之不利口，应有风味不明显，稍有酸味但可接受。劣质面包粘牙，不利口，有酸味，霉味等不良异味。

鉴别真假藕粉

藕粉是用藕加工制成的产品。优质藕粉质量高、营养好、滋味美，普遍受到欢迎。但是不少地方也出现假藕粉。真假藕粉可以从以下方面去鉴别。

1. 色泽

真藕粉，带有浅红的颜色。经过漂白的藕粉，则为乳白色。掺入不同淀粉的藕粉，色泽杂，如掺入山芋淀粉的藕粉，色泽浅黄。

2. 气味

真藕粉具有藕粉的清香味。掺入其他淀粉的藕粉，则有掺入淀粉的气味。通常也可以取藕粉一点放入杯内，加入热水过2分钟后待沉淀，再将水倒出，闻沉淀物的气味，如果闻到山芋味的，说明藕粉中掺有山芋淀粉。目前市场上，掺山芋淀粉的藕粉较多。

3. 黏度

取少量放入杯中，加热水搅拌，用筷子试验其黏度，一般真藕粉的黏性差，而山芋等淀粉都具有较高的黏性。

4. 口试

取少量放入口中，当触及唾液时会很快溶化的是真藕粉。假藕粉入口不仅不溶化，甚至会黏糊在一起或呈团状。

辨别问题油条

一看。太黑不行，色泽过于金黄也不行。加入洗衣粉的油条表面光滑，顺光时可见亮晶晶的颗粒，油条断面会出现大孔洞，而正常的油条断面呈海绵状，气孔细密均匀。

二闻。有没有刺鼻的气味。

三尝。明矾过量的油条，有种涩涩的感觉，而加了洗衣粉的油条吃起来口感平淡，没有油炸香味。

街边油条摊点，一锅油用上好几天甚至个把月，变成了黑色。用这种油炸出的油条，最好不吃。

蜂产品质量鉴别

1. 鉴别蜂蜜的真假

假蜂蜜是用蔗糖（白糖或红糖）加碱水熬制而成的，其中没有蜜的成分，或是蜜的成分很少。其品质特点是，没有自然的蜂蜜花香气味，而有一股熬糖浆的气味，品尝时无润口感，有白糖水的滋味。

为了进一步确认假蜂蜜，可用一根烧红的粗铁丝，插入蜂蜜内，冒气的是真货，冒烟的是假货。

也可采用荧光检查。取可疑蜂蜜1份与2.5份水混合均匀，向不透光的载玻片上涂2～3毫米厚层，或放在不透荧光的试管中，在暗室中进行荧光观察。一般在天然蜂蜜中，颜色呈黄色略带绿色的，是优质蜂蜜，如果色泽草绿、蓝绿，则是劣质蜂蜜，若色泽呈灰色，则是用蔗糖调制成的假蜂蜜。

2. 鉴别有毒的蜂蜜

蜂蜜中含有毒素，是由于蜜蜂采集的某些植物的蜜腺和花粉中含有对人体有害的生物碱。人们吃了有毒的蜂蜜，容易发生食物中毒，特别是婴儿食之更易中毒。有毒蜂蜜的鉴别内容有以下几点。

(1)气味。正常蜂蜜，有花的香味，无其他异味；有毒蜂蜜，能闻到异臭味。

(2)色泽。正常蜂蜜，多呈淡色或浅琥珀色，或微黄色；有毒蜂蜜，往往是色泽较深，常呈茶褐色。

(3)滋味。正常的蜂蜜，用嘴尝之，有香甜可口的滋味；有毒蜂蜜，有苦味或使喉管发麻的感觉。

3. 鉴别蜂王浆的真假

蜂王浆又名蜂乳，它是青年工蜂咽腺分泌的乳白色胶状物，含有丰富的维生素和20多种氨基酸以及多种酶，对人体有增进食欲，促进代谢，促进毛发生长，增加体重，促使衰弱器官功能恢复正常，预防衰老，抑制癌细胞发育，扩张血管，降低血压等作用。蜂王浆的真假鉴别有以下方面。

(1)气味。真蜂王浆，微带花香味。无香味者是假货。如有发酵味并有气泡，说明蜂王浆已发酵变质，如蜂王浆有哈喇味，说明酸败。如加入奶粉、玉米粉、麦乳精等，则有奶味或无味。

如加入淀粉，用碘试验会呈蓝色。

（2）色泽。真蜂王浆，呈乳白色或淡黄色，有光泽感，无幼虫，蜡屑、气泡等。如果色泽苍白或特别光亮，说明蜂王浆中掺有牛奶、蜂蜜等。如果色泽变深，有小气泡，主要是由于贮存不善，久置空气中，产生腐败变质现象。无光泽的蜂王浆，则为次品。

（3）稠度。真蜂王浆，稠度适中，呈稀奶油状。如果稠度稀，说明其中水分多，或掺假；如果稠度浓，说明采浆时间太晚或贮藏不当。

食用油质量鉴别

1. 鉴别芝麻油的真伪

近年来农贸市场上出售的假芝麻油，数量不少。掺假的物质，一是水，二是淀粉，三是低于芝麻油价格的油。感官鉴别芝麻油中掺假的方法如下。

（1）看色泽。不同的植物油，有不同的色泽，可倒点油在手心上或白纸上观察，大磨麻油淡黄色，小磨麻油红褐色，豆油棕黄色，毛棉籽油红黑色，精炼棉籽油橙黄色，菜籽油棕色，花生油深黄色。目前集市上出售的芝麻油，掺入多是毛棉籽油、菜籽油等，掺入毛棉籽油后的油色发黑，掺入菜油后的油色呈棕黄色。

（2）闻气味。每种植物油都具有它本身种子的气味，如芝麻油有芝麻香味，豆油有豆腥味，菜油有菜籽味，棉籽油有棉花籽味，花生油有花生仁味等。如果芝麻油中掺入了某一种植物油，则芝麻油的香气消失，从而含有掺入油的气味。

（3）看亮度。在阳光下观察油质，纯质芝麻油，澄清透明，没有杂质;掺假的芝麻油,油液混浊,杂质明显。从市场上查到的假芝麻油检验结果看,多是用小苏打冲成的淀粉糊与芝麻混合搅拌而成,使芝麻油成为糊冻状,黏稠性大。有的是用食碱与淀粉调出稀糊状掺入芝麻油中调和出售,这种油有害身体健康。

(4)看泡沫。将油倒入透明的白色玻璃瓶内,用劲摇晃,如果不起泡沫或有少量泡沫,并能很快消失的,说明是真芝麻油,如果泡沫多、成白色、消失慢,说明油中掺入了花生油,如泡沫成黑色,且不易消失,闻之有豆腥味的,则掺入了豆油。

(5)尝滋味。纯质芝麻油,入口有浓郁芳香,掺入菜油、豆油、棉籽油的芝麻油,入口发涩。

2. 鉴别豆油的真伪

豆油的真假鉴别,首先要知道豆油的品质特征,豆油的正常品质特征改变了,则说明豆油的质量有了改变。在集市上购油时碰到这种情况,多半是油中掺了假,一般加入米汤为多。鉴别掺假方法如下:

(1)看亮度。质量好的豆油,质地澄清透明,无浑浊现象。如果油质浑浊,说明其中掺了假。

(2)闻气味。豆油具有豆腥味,无豆腥味的油,说明其中掺了假。

(3)看沉淀。质量好的豆油,经过多道程序加工,其中的杂质已被分离出,瓶底不会有杂质沉淀现象,如果有沉淀,说明豆油粗糙或掺有淀粉类物质。

(4)试水分。将油倒入锅中少许,加热时,如果油中发出叭叭声,说明油中有水。在市场上选购油时,亦可在废纸上滴数滴油,点火燃烧时,如果发出叭叭声,说明油中掺了水。

3. 鉴别掺杂矿物油的食用油

在农贸市场上,曾发现在食油中掺入矿物油出售,严重地危害消费者身体健康。感官鉴别方法如下:

(1)看色泽。食油中掺入矿物油后,色泽比纯食油深。

(2)闻气味。用鼻子闻时,能闻到矿物油的特有气味,即使食油中掺入矿物油较少,也可使原食油的气味淡薄或消失。

(3)口试。掺入矿物油的食油,入口有苦涩味。

第六章　新鲜蔬果的选购

什么蔬菜的污染问题较严重

蔬菜的污染主要来自三个方面：一是生长环境的污染，包括大气污染、水体污染和土壤污染；二是栽培过程中的污染，主要表现为农药的污染、肥料的污染及生物污染；三是蔬菜产品后期流程的污染。了解蔬菜栽培过程中的农药、肥料和生物几种污染情况，可以在选购蔬菜水果是时尽量购买无污染或少污染的产品，减少污染对人体的危害。

工厂矿山的废料渣会污染土壤，废水会污染水源，废气会污染大气。而蔬菜和所有的植物一样，在生长中需要吸收土壤、大气中的营养物质。因此，工厂矿山的有害物质最后都会在附近的蔬菜和农作物中发现。农作物即使远离工厂矿山，农业生产中施用的化肥和农药也可能造成蔬菜污染。

由于根的吸收能力最强，根类蔬菜如甘薯、萝卜、胡萝卜、藕等对土壤和水源的污染最为敏感。它们从一颗种子(幼苗)渐渐长大，主要靠吸收周围土壤中的物质，因此不存在所谓“出淤泥而不染”的神话。

茄果类蔬菜如青椒、番茄等，嫩荚类蔬菜如豆角等，以及鳞茎类蔬菜如葱、蒜、洋葱等储存污染物质较少。然而，如果栽培环境的污染程度严重，则无论什么品种的蔬菜都难逃受污染的命运。

1. 哪些蔬菜的农药残留多

(1)病虫害多蔬菜农药污染严重。农药污染轻重看蔬菜的病虫害多少，病虫害多的蔬菜打药就多，污染就重，反之则轻。另外，杀虫剂的毒性大于杀菌剂。病虫害多少与蔬菜种类有很大关系，虫害较重的蔬菜有：白菜类、甘蓝类、豆类、韭菜等，而胡萝卜、芹菜、香菜、莴笋、生菜、茼蒿等极少生虫。

虫害轻重与季节也有关系，虫害盛发期一般在5～10月，低温季节虫害较少。另外，保护地生产虫害相对较轻。

对于病害来说，一般地上产品器官比地下产品器官的蔬菜病害多，尤其是黄瓜，病害种类多，危害重。

因此，消费时应注意，春夏虫害盛发季节，减少对多虫蔬菜的消费。病害严重的蔬菜吃前注意清洗、去皮。

(2)不同季节农药污染的蔬菜不同。一般情况下，早春生产的茄果瓜类蔬菜病害发生较多，使用杀菌剂比较普遍。茄果瓜类、豆类是连续性采收，生长期长，因此边使用农药防治病虫，边采收是生产此类蔬菜的特点。秋季发生害虫的种类较多，且抗药性强，使用农药较多。散生形绿叶菜类较包心类叶菜受农药残留污染严重。

因此，冬春季可多选购绿叶菜，秋季多选购茄果瓜类、包心类叶菜。特别是夏季，要改变消费习惯，多选购卷心菜类的叶菜食用比较安全。因为卷心菜生长过程是由外向内包心，如喷洒农药也只在老叶上，采收时老叶已经去除，所以比较安全。

2. 哪些蔬菜的化肥污染严重

肥料污染主要是化肥施用不合理造成的。化肥主要是氮肥，如尿素、硝酸铵等用量偏多，使蔬菜体内硝酸盐含量超标。硝酸盐本身毒性不高，但在人体消化道内会形成致癌物质亚硝胺，经常吃含硝酸盐多的蔬菜对人体健康会构成潜在威胁。

各类蔬菜富集硝酸盐的能力差别很大，甚至相差几十倍，掌握这个规律就可为我们选择消费从而回避硝酸盐污染提供科学依据。化肥污染轻重看食用器官，各种蔬菜硝酸盐平均含量由高到低的顺序是：根菜类＞薯芋类＞绿叶菜类＞白菜类＞葱蒜类＞豆类＞瓜类＞茄果类。总之以营养器官(根、茎、叶)为食用部分的为高富集型,以生殖器官(花、果、种子)为食用部分的反之。另外,番茄、辣椒、西瓜、黄瓜具有自我清除硝酸盐不利影响的能力。严重富集硝酸盐的蔬菜是菠菜、芹菜、叶用芥菜。

有关专家对上市蔬菜检测后发现,硝酸盐含量较大的主要是根菜类和薯芋类,有的高低相差10倍。其规律是蔬菜的根、茎、叶(即营养体)的污染程度远远高于花、果实、种子(即生殖体),这可能是生物界普遍存在的保护性反应,所以,消费者应尽可能多吃些瓜、果、豆和食用菌,如黄瓜、番茄、毛豆、甜玉米、香菇等。

3. 植株矮的蔬菜生物污染严重

生物污染指细菌、病毒、寄生虫卵等病原体的污染。生物污染轻重看植株高矮,因为这种污染主要是在生产过程中将不经过无害化处理的人畜粪尿泼浇在蔬菜上造成的,因此污染与菜棵高矮有密切关系。

塌地生长的绿叶菜如小白菜、菠菜、芫荽、生菜等污染严重,搭架生长的反之。塌地生长的蔬菜要经过浸泡、清洗、煮熟烧透后再吃,如芫荽生吃就要小心。

如何识别无公害蔬菜

安全蔬菜的级别由低到高分别是放心蔬菜、无公害蔬菜、绿色蔬菜、有机蔬菜。目前,国内的绿色蔬菜主要指放心蔬菜和无公害蔬菜,还难以达到真正的绿色级别。

专家给无公害蔬菜下的定义是,通过应用无公害的技术进行生产，经专门机构检测认定，允许使用无公害农产品标志的蔬菜。专家建议，在挑选蔬菜时应注意以下四点：

1. 看色泽

各种蔬菜都具有本品种固有的颜色，有光泽，显示蔬菜的成熟度及鲜嫩程度。

2. 嗅气味

多数蔬菜具有清香、甘辛香、甜酸香等气味，不应有腐败味和其他异味。

3. 尝滋味

多数蔬菜滋味甘淡、甜酸、清爽鲜美，少数具有辛酸、苦涩的特殊味道。

4. 看形态

多数蔬菜具有新鲜的状态，如有蔫萎、干枯、损伤、变色、病变、虫害侵蚀，则为异常形态。还有的蔬菜由于人工使用了激素类物质，会长成畸形。

小心容易引起中毒的蔬菜

有的蔬菜本身有毒，需要小心使用。

1. 没有煮熟、外表呈青色的豆角

豆角包括扁豆、芸豆、菜豆、刀豆、四季豆等菜，含有皂甙和胰蛋白酶抑制物，可使人体产生中毒。

2. 发芽的马铃薯和青色番茄

这两种蔬菜均含有龙葵碱毒性物质，食后会发生头晕、呕吐、流涎等中毒症状。

3. 鲜黄花菜(也叫金针菜)

鲜黄花菜含有科水仙碱，当进食多量未经煮泡去水或急炒加热不彻底的鲜黄花菜后，会出现急性胃肠炎。

4. 蚕豆

有的人吃蚕豆后会得溶血性黄疸、贫血，称为蚕豆病(又称胡豆黄)。

5. 鲜木耳

鲜木耳含有一种啉类光感物质，它对光线敏感，食后经太阳照射可引起日光性皮炎。

如何选购安全蔬菜

形状、颜色正常的蔬菜，一般是用常规方法种植的，异常蔬菜可能是用激素处理过的。如韭菜，不用激素的叶子较窄，吃时香味浓郁。当它的叶子特别宽大、肥厚，比一般宽叶韭菜还要宽1倍时，就可能在栽培过程中用过激素。有的蔬菜颜色不正常，不宜选购。如菜叶失去平常的绿色而呈墨绿色，毛豆碧绿异常等，它们在采收前可能喷洒或浸泡过甲胺磷农药，不宜选购。

1. 番茄选购

蔬菜市场上的番茄主要有两类。一类是大红番茄，糖、酸含量都高，味浓；另一类是粉红番茄，糖、酸含量都低，味淡。到市场上买番茄，首先要明确打算生吃还是熟吃。如果要生吃，当然买粉红的，因为这种番茄酸味淡，生吃较好；要熟吃，就应尽可能地买大红番茄。这种番茄味浓郁，烧汤和炒食风味都好。果形与果肉关系密切：扁圆形的果肉薄，正圆形的果肉厚。

需要特别指出的是，不要买青番茄以及有"青肩"(果蒂部青色)的番茄，因为这种番茄营养差，而且含有的番茄苷有毒性。还有，不要购买着色不匀、花脸的番茄。因为这是感染的番茄病毒病的果实，味觉、营养均差。

2. 山药选购

蔬菜市场上的山药主要为长柱种，产于陕西、河南、山东、河北等地。无论购买什么品种，块茎的表皮是挑选的重点。表皮光洁无异常斑点，才可放心购买。发现异常斑点绝对不能买。因为，只要表皮有任何异常斑点，就告诉我们，它已经感染病害，食用价值降低了。

3. 菠菜选购

蔬菜市场上的菠菜有两个类型：一是小叶种，一是大叶种。不管什么品种，都是叶柄短、根小色红、叶色深绿的好。但在冬季，叶色泛红，表示经受霜冻锻炼，入口更为软糯香甜。菠菜消费的季节性很强，从 10 月至翌年 4 月历时半年均有菠菜上市，早秋菠菜有涩味(草酸含量高)，晚春多抽薹。一般以冬至(12 月下旬)到立春(2 月上旬)为最佳消费期。有时会看到菠菜叶子上有黄斑，叶背有灰毛，表示感染了霜霉病。当然要挑没病的买。

4. 冬笋选购

当你在选购冬笋的时候，发现其笋壳张开翘起，还有一股硫黄气味，那么表明它可能硫黄熏过的。如果是新鲜的冬笋，它的壳包得很紧。

5. 生姜选购

购买生姜的时候，一定要看清是否经过硫黄“美容”过。生姜一旦被硫黄熏烤过，其外表微黄，显得非常白嫩，表皮看上去非常光滑。但工业用的硫黄含有铅、硫、砷等有害物质，在熏制过程中附着在生姜中，食用后会对人体呼吸道产生危害，严重的甚至会直接侵害肝脏、肾脏。

6. 识别“化学豆芽”

用化肥或除草剂催发的豆芽生长快、长得好，而须根不发。它不但没有清香脆嫩的口味，而且残存的化肥等在微生物的作用下可生成亚硝酸氨，有诱发食道癌和胃癌的危险。在选购豆芽时，要先抓一把闻闻有没有氨味，再看看有没有须根，如果发现有氨味和无须根的，就不要购买和食用。

7. 扁豆选购

扁豆品种较多，多以嫩荚供食用，只有红荚种（猪血扁等）可荚粒兼用，鼓粒的吃口也好，富香味。青荚种以及青荚红边种豆以嫩荚吃口更好，不可购买鼓粒的。如扁豆、刀豆有一定的豆角毒素，如果不煮透，毒素没有破坏，食用易发生中毒事故。

8. 土豆选购

外形要尽量挑选圆的，越圆的越容易削皮，最好还是没有破皮的。外皮摸上去一定要是干的，不能有水泡，否则的话不仅口感不太好，而且也无法长时间保存。劣质薯块有以下几种特点：个头小且不均匀；薯块变软甚至萎蔫；混有较多的虫害、伤残薯块；有损伤或虫蛀孔洞；闻上去有腐烂气味。不能买已经发芽的土豆，因为这样的土豆已经含有毒素，食用起来对人体是有害的。挑选的时候还要注意看颜色是否新鲜，不能有类似瘀青的发黑部分，这种里面多半是坏的。如果是买来存放了一段时间后，发现土豆外皮有部分开始变绿，哪怕是很淡的绿色都不能再食用了。因为土豆变绿就是有毒生物碱存在的标志，食用的话就会引起中毒。

土豆的个头不是越大越好，过大的很有可能是因为生长时间过长，吃起来纤维也比较粗一些。假如是腐烂或冻伤的土豆，水分收缩，果肉的颜色也变成灰色或呈黑斑，就应该舍弃。

土豆的果肉按照颜色分为有黄色和白色两种，口感有所不同，白色的略带甜味，黄色的吃起来比较粉。这个按个人口味来挑选。

如何辨别“化妆水果”

1. 辨别催熟荔枝

一些提前上市的红色的荔枝则是使用了催熟剂，对人体有害。识别技巧如下：

一摸。挑选催熟荔枝的时候，手会觉得潮热，甚至有烧手的感觉。

二闻。自然成熟的荔枝闻起来有淡淡的香味，催熟荔枝闻起来气味有点酸。

三看。鲜荔枝一般需低温冷藏保存，如果荔枝被商贩随便放在盒子里,大多有问题。

2. 识别打针西瓜

给半生不熟的西瓜从瓜蒂处注入色素、糖精水,瓜瓤就会被染红,吃起来很甜。识别技巧:

一拍。打过针的西瓜拍打时声音“哑”、不脆亮。

二看。自然熟的西瓜籽是黑色的,很饱满。打过针的西瓜籽一般小且白。

三尝。打过针的西瓜甜味不均匀,往往靠近瓜蒂部位甜度较浓,远离瓜蒂部位甜度差得多。

3. 识别催熟香蕉

七分熟的香蕉,表面涂上一层含有二氧化硫的催熟剂,一两天香蕉全变成了色黄鲜嫩的上品。或在装香蕉的箱子里注入甲醛气体,几天工夫香蕉就变黄。识别技巧:

一看。催熟的香蕉表皮一般不会有香蕉熟透的标志——“梅花点”。

二闻。催熟的香蕉闻起来有化学药品的味道。

三尝。自然熟的香蕉熟得均匀,催熟的香蕉芯则是硬的。

4. 识别上色橙子

把长有霉斑的橙子清洗干净、晾干,然后用石蜡给橙子打蜡上色。这样,原本长了霉斑、灰头土脸的橙子转眼间变得又红又亮,贴上进口水果的标签,就变成了进口橙子。识别技巧:

一看。进口橙子表皮的皮孔比较多,摸起来较为粗糙,而假进口橙子表面的皮孔比较少,摸起来相对光滑些。

二擦。假冒的进口橙子用纸擦,纸的颜色会变红,这是因为假冒进口橙子在处理的过程中加入了色素。

如何挑选草莓

草莓果实色泽鲜红,甜酸适宜,有特殊芳香,含维生素C特别丰富,受到人们喜爱。挑选草莓的技巧:

1. 首先要看草莓品种。目前市场上多数的是“丰香”草莓,少数的有“青屯一号”等,果实糖分较高,芳香味浓。市场上也有部分“丽红”“明星”等品种,果实较大,但往往酸度大,芳香味淡。

2. 果实要新鲜,新鲜果实表面有丰富的光泽,不破裂、不流汁。

3. 从单只看要选全果鲜红均匀的,不宜选购未全红的果实或半红半青的果实。

4. 发现果实有虫害食用的虫孔,或表面有灰霉病和白粉病病斑的,往往在病斑部分有灰色或白色霉菌丝,发现这种病果切不要食用。

选购草莓注意激素残留。草莓栽培过程中为了提高坐果率,在草莓现蕾期(开花前)喷1~2次植物生长素“赤霉素”,这是草莓生产中一项技术措施,由于喷药前后到采收时有一个月时间,激素已经基本消失了,居民不必担心这次的激素喷用。但是个别果农在草莓果实膨大期内,也喷用果实膨大剂,在剂型中加有细胞分裂素之类激素,这就不符合农产品安全、卫生要求了,喷用果实膨大剂的草莓往往有果实变大、裂果、畸形等情况。

第七章 肉类食品的选购

如何选购猪肉

1. 识别放心肉

放心肉是指由定点屠宰场加工，经动物部门实施同步检疫合格后出场的肉品。放心肉一般都标有“一证二章”。

“一证二章”是多年来常用的“放心肉”识别方法。“一证”是指畜禽产品通过检疫检验合格后，由动物防疫部门颁发的“动物产品检疫合格证明”。“二章”之一是动物检疫检验合格后，在猪身上盖上兽医检疫合格印章，该印章为滚筒长方形，可从头一直拖到尾；另一章是肉品品质检验合格印章，圆形，直径约 5.5 厘米，由定点屠宰场质检部门加盖。有了“一证二章”，说明该猪肉产品是通过检疫的“放心肉”。

此外，在购买猪肉的时候，可用手触摸骨边缘部位，看其是否光滑整齐。光滑整齐的是用机械电锯剖边，是定点屠宰场宰杀的“放心肉”；而毛糙、扎手、凹凸不平的为刀砍斧劈，属私宰点宰杀的猪肉。

2. 猪肉质量判断

良质猪肉肌肉呈淡红色，均匀，外表干燥，或微湿润，不沾手，肌肉切面有光泽，肉汁透明，肌肉指压后凹陷处立即恢复。脂肪洁白，烧熟后的肉汤透明，具有香味，滋味鲜美，汤表面浮有大量油滴。

次质猪肉肌肉呈暗灰色，无光泽，外表风干或潮湿，切面发黏，肉汁混浊，肌肉指压后凹陷恢复慢，且不能完全恢复。脂肪无光泽发黏，稍有酸败味。烧熟后肉汤混浊，无香味，略有油脂酸败味，汤表面油滴少。

劣质猪肉肌肉颜色变深，呈淡绿色，无光泽，切面发黏，肉汁严重混浊。指压后凹陷不能复原，留有明显痕迹。肉汤混浊有臭味，有黄色絮状物漂浮，汤表面几乎无油滴。

问题猪肉鉴别

1. 母猪肉鉴别

母猪肉的体积较大，因皮糙皮厚、毛孔粗，而常被剥皮后出售。瘦肉部分呈深红色，肌肉纤维组织粗糙、纹路粗，手摸无黏液，用手按肥肉，沾在指上的油脂较少，无弹性，看上去非常松弛，同时骨头呈浅黄色。排骨粗且突出，大排肉横断面呈蜂窝状，骨盆腔较大且光滑，乳头较大而且有乳腺。

2. 病猪肉鉴别

一看。病死猪的放血刀线平滑，无血液浸润区；健康猪放血刀口粗糙，刀面外翻，刀口周围有深达 0.5—1 厘米左右的血液浸润。病死猪的脂肪呈粉红色，健康猪呈白色或浅白色。病死猪肉切面暗紫色，平切面有淡黄色或粉红色液体，健康猪肉切面有光泽，呈棕色或粉红色，无任何液体流出。病死猪淋巴结肿大或萎缩，呈灰紫色，健康猪淋巴结呈粉红色。病死猪因放血不全，血管外残留血呈紫红色，可有气泡，健康猪放血良好，血管中残留极少。

二嗅。病死猪有血腥味、尿臊味、腐败味及异味，健康猪肉无异味。

三触。病死猪肉无弹性，健康猪肉有弹性。

3. 识别米猪肉

米猪肉即患有囊虫病的死猪肉，这种肉对人体健康有极大的危害性。可注意观察其瘦肉切开后的横断面，看是否有囊虫包的存在，在切面上如发现有石榴粒（或米粒）一般大小的水泡状物，即为囊虫包，可断定这类肉为米猪肉。这种肉对人体危害很大，不能食用。

4. 含瘦肉精猪肉的鉴别

（1）看猪肉皮下脂肪层的厚度。在选购猪肉时皮下脂肪太薄、太松软的猪肉不要买。一般情况下，“瘦肉精”猪因吃药生长，其皮下脂肪层明显较薄，通常不足 1 厘米；正常猪在皮层和瘦肉之间会有一层脂肪，肥膘为 1～2 厘米，太少就要小心了。

（2）看猪肉的颜色。一般情况下，含有“瘦肉精”的猪肉特别鲜红、光亮。因此，瘦肉部分太红的，肉质可能不正常。

（3）可以将猪肉切成二三指宽，如果猪肉比较软，不能立于案上，可能含有“瘦肉精”。

（4）如果肥肉与瘦肉有明显分离，而且瘦肉与脂肪间有黄色液体流出则可能含有“瘦肉精”。

5. 识别注水肉

市场上的注水肉中，以注水牛羊肉较多。它们看上去“很新鲜”，色泽鲜红，较湿润。很多人单凭感观好看，青睐注水牛羊肉。其实，这种肉肌肉组织松软，血管周围出现半透明状红色胶，弹性差、切面闭合慢，且有明显切割痕迹，注意观察凭经验可以识别。注水猪肉的表面呈水淋样，肌肉颜色发淡、滑手、弹性差、按压有水渗出，有的瘦肉呈虎斑样。

肉经注水后，水会从瘦肉中渗出。割下一块瘦肉放在盘中，稍待片刻就会有水渗出;另外,用卫生纸或吸水纸贴在瘦肉上,用手紧压,待纸湿后揭下,用火柴点燃,若不能燃烧说明肉中注了水。

怎样挑选猪内脏

1. 如何挑选猪肝

先看外表,表面有光泽,颜色紫红均匀的是正常猪肝。然后用手触摸,感觉有弹性,无硬块、水肿、脓肿的是正常猪肝。另外,有的猪肝表面有菜籽大小的小白点,这是致病物质侵袭肌体后,肌体保护自己的一种肌化现象。割掉白点仍可食用。如果白点太多就不要购买。

2. 如何挑选猪肚

挑选猪肚首先看色泽是否正常。其次(也是主要的)看胃壁和胃的底部有无出血块或坏死的发紫发黑组织,如果有较大的出血面就是病猪肚。最后闻有无臭味和异味,若有就是病猪肚或变质猪肚,这种猪肚不要购买。

3. 如何挑选猪腰

挑选猪腰首先看表面有无出血点,有便不正常。其次看形体是否比一般猪腰大和厚,如果是又大又厚,应仔细检查是否有肾红肿。检查方法是:用刀切开猪腰,看皮质。

如何挑选牛肉

对于市场上销售的鲜牛肉和冻牛肉，消费者可从色泽、气味、黏度、弹性等多个方面进行鉴别。

1. 色泽鉴别。新鲜肉的肌肉呈均匀的红色，具有光泽，脂肪呈洁白色或乳黄色。次鲜肉的肌肉色泽稍转暗，切面尚有光泽，但脂肪无光泽。变质肉肌肉呈暗红色，无光泽，脂肪发暗甚至呈绿色。

2. 气味鉴别。新鲜肉具有鲜牛肉的特有正常气味。次鲜肉稍有氨味或酸味。变质肉有腐臭味。

3. 黏度鉴别。新鲜肉表面微干或有风干膜，触摸时不粘手。次鲜肉表面干燥或粘手，新的切面湿润。变质肉表面极度干燥或发黏，新切面也粘手。

4. 弹性鉴别。新鲜肉指压后的凹陷能立即恢复。次鲜肉指压后的凹陷恢复较慢，并且不能完全恢复。变质肉指压后的凹陷不能恢复，并且留有明显的指痕。

如何购买腌腊食品

1. 腊肉选购

优质腊肉色彩鲜明，有光泽，肌肉呈鲜红色或暗红色，脂肪透明或呈现乳白色。表面无盐霜、肉身干爽、肉质光洁结实，有弹性，肥肉金黄透明。凡肌肉灰暗无光，脂肪呈黄色，表面有霉点，抹拭后仍有痕迹；肉质松软，无弹性，指压后凹痕不易恢复，肉表附有黏液的则不要购买。

2. 香肠选购

优质香肠、灌肠其肠衣干燥、无霉点，富有弹性，肉馅与肠衣紧紧贴住，不易分离，肉质坚实而湿润，肉呈均匀的蔷薇红色，脂肪为白色，具有香灌肠固有的芳香味，无酸腐味。凡肠衣表面湿润有黏性，甚至有少数霉点，有破裂的肉馅与肠衣分离现象，肥肉丁呈淡黄色，肉馅松散，四周光泽灰暗，有褐色斑点，香味消失，有酸腐味的则不要购买。

3. 板鸭选购

优质板鸭体表光洁，呈白色或乳白色、淡红色，腹腔内壁干燥、有盐霜，肉切面呈酱红色，切面致密结实、有光泽，具有板鸭特有的气味。凡体表发红或深黄色，有大量油脂渗出，腹腔潮湿发黏，有霉斑，肉切面带灰白、淡绿色，切面松散、发黏，有哈喇味和腐败酸气的，则不要购买。

选购肉制品应注意的问题

与新鲜肉类相比，火腿肠、罐头等肉类食品中复合磷酸盐、防腐剂、着色剂、淀粉等添加剂一旦超标，会对消费者身体健康或多或少地造成伤害。选购肉制品时应注意以下几点：

1. 看包装。包装要密封，无破损。不要购买散装肉制品，这些产品容易受到污染，质量无保证。

2. 看标签。选购加贴“QS”标志的产品。产品包装上应标明品名、厂名、厂址、生产日期、保质期、执行的产品标准、配料表、净含量等。

3.看生产日期。应尽量挑选近期生产的产品。产品存放时间越长,氧化现象就越严重。

4.看清储存温度要求。尤其是夏季高温季节更应注意。最好到大商场、大超市去购买,这些场所有正规的商品进货渠道,产品周转快,冷藏的硬件设施齐全。

5.看产品外观色泽。颜色过于鲜艳的肉制品有可能添加过量色素,不要购买。还要看产品弹性。弹性好的肉禽制品内在质量好。

6.闻气味。闻闻气味是否正常,有无酸败腐臭异味。

如何选购肉肠

1.购买高级别的肉肠。肉肠产品实行分级,以质论价,在产品的标签上会标出该产品的级别,特级最好,优级次之,普通级再次之。产品级别越高,含肉比例、蛋白质含量也越高,淀粉含量则越低;反之,产品级别越低,含肉比例、蛋白质含量也越低,淀粉含量则相对较高。

2.查看标签。合格肉肠的标签上应该标注生产日期、生产厂家、厂家地址、厂家电话、生产标准、保质期、保存条件、原辅料等。如果标注不全,说明该产品未完全按照国家标准生产,最好不要购买。

3.通常大企业、老字号企业的产品,质量比较有保证。

4.选购在保质期以内的产品。最好是近期生产的产品,因为肉食品本身容易被氧化、腐败,因此在保质期内的肉食品比较新鲜,口味也较好。

5.选购弹性好的肉肠。弹性好的产品,肉的比例高,蛋白质含量多,口味好。

6. 肠衣上如果有破损的地方，请不要购买。

7. 如没有条件冷藏保存肉肠，请购买可在常温下保存的产品，这种产品都会注明在25℃条件下的保存期限。

8. 如果发现胀袋请勿食用，因为产品已经发生变质。

9. 肉肠的表面如果发黏请勿食用，说明产品发生变质。

10. 如果肉肠吃起来有刺激感或不爽口，说明食品添加剂可能添加过多，最好不要食用。

辨别鸡的质量

1. 怎样选购活鸡

(1)看鸡的整个神态。健康鸡显得有精神，活泼好动，反应敏感，体质健壮，放在地上又叫又跳，见东西就啄食；病鸡显得没有精神，反应迟钝，体态消瘦，放在地上不爱动，无论喂它什么皆不食。

(2)看鸡头。健康鸡的脑肌肉丰满，以手触之头伸缩富有弹性，用手拍鸡则有叫声；病鸡脑肌肉消瘦，用手拍之无声。健康鸡的鸡冠鲜红，大多挺直；病鸡的鸡冠或冠尖呈暗紫色或青紫色，苍白肿胀，蔫耷萎缩。健康鸡眼睛炯炯有神，四处张望；病鸡眼睛无神或闭眼打瞌睡。健康鸡的嘴清洁干净，呼吸自然；病鸡的嘴不断哈气，呼吸急促，有的鼻孔流涕，嘴中流涎。

(3)看鸡翅膀。健康鸡羽毛整齐，光泽均匀，翅膀自然紧贴鸡体；病鸡羽毛松散，光泽暗淡，翅膀下垂微张开。

(4)看肛门。健康鸡的肛门周围干净无烘迹黏液；病鸡肛门周围有绿色或白色烘迹黏液和脏毛。

(5)摸鸡嗉。健康鸡的嗉子无气体，不胀不硬，八九能知嗉子内是何物;病鸡嗉子膨胀有气体,积食发硬,如倒提起来,头耷脚冷嘴流涎,必是病鸡无疑。总之,应挑选购买以粮食喂养的、又叫又跳喜啄食的活鸡购买。

2. 识别瘟鸡

一提。倒提鸡腿,如鸡嘴流黏液是瘟鸡。

二看。提住鸡翅膀,翻开鸡屁股,如是深红色和紫色,肛门松弛的是瘟鸡。

三摸。即摸鸡的体温,先摸大腿根,从上往下摸,冷热手中分,上热下冷,鸡冠烫手的定是瘟鸡。

四拍。拍鸡背"咯咯""吱吱"轻声啼叫的定是瘟鸡。

如何挑选鸡蛋

1. 如何挑鲜鸡蛋

新鲜蛋的蛋壳清洁、完整、无光泽,壳上有一层白霜,色泽鲜明。劣质蛋的蛋壳有裂纹、硌窝现象,蛋壳破损、蛋清外溢或壳外有轻度霉斑等。轻轻抖动使蛋与蛋相互碰击或是手握蛋摇动,良质鲜蛋蛋与蛋相互碰击声音清脆,手握蛋摇动无声,而劣质蛋蛋与蛋碰击发出哑声(裂纹蛋),手摇动时内容物有流动感。

2. 识别涉红的鲜鸭蛋

鸭子食用过添加苏丹红等色素的饲料后,鸭蛋蛋黄颜色非常统一,看不出差异。而放养鸭子产的蛋,蛋黄颜色会随四季变化而改变。春天,湖泊河沟水位较浅,水生物丰富,食物来源丰富,营养充足,鸭蛋质量非常好,蛋黄呈红色;夏季雨水较多,水位较高,食物来源减少,蛋黄的红度变浅;秋季,鸭子以稻谷为主食,此时蛋黄颜色偏黄;冬季全靠饲料喂养,蛋黄呈浅黄色。此外,因个体差异,同一批鸭子产的蛋,蛋黄颜色也会深浅不一。

3. 识别涉红的咸鸭蛋

无害"红心鸭蛋"煮熟后蛋黄、蛋清黄白分明,蛋黄呈橘黄色,分层次,有沙性,切开后有油渗出,口感绵香,不咸不淡。

有害"红心鸭蛋"蛋黄、蛋清颜色不分明,蛋黄呈鲜红色,颜色不自然,不分层次,不带沙性,口感较硬。此外,把问题"红心"鸭蛋切开两瓣,20 分钟后,蛋黄会有褪色现象,最中间的芯部会由红色变成黄色。

怎样选购水产

1. 如何挑选鲜鱼

(1)观眼球。新鲜鱼眼球饱满突出,角膜透明清亮,有弹性。次鲜鱼眼球不突出,眼角膜起皱,稍变浑浊,有时眼内溢血发红。腐坏鱼眼球塌陷或干瘪,角膜皱缩或有破裂。

(2)嗅鱼鳃。新鲜鱼鳃丝清晰呈鲜红色,黏液透明,具有海水鱼的咸腥味或淡水鱼的土腥味,无异臭味。次鲜鱼鳃色变暗呈灰红或灰紫色,黏液轻度腥臭,气味不佳。腐坏鱼鳃呈褐色或灰白色,有污秽的黏液,带有腐臭气味。

(3)摸鱼体。新鲜鱼有透明的黏液,鳞片有光泽且与鱼体贴附紧密,不易脱落(鲳、大黄鱼、小黄鱼除外)。次鲜鱼黏液多不透明,鳞片光泽度差且较易脱落,黏液黏腻而浑浊。腐坏鱼体表暗淡无光,表面附有污秽黏液,鳞片与鱼皮脱离殆尽,具有腐臭味。

(4)掐鱼肉。新鲜鱼肌肉坚实有弹性,指压后凹陷立即消失,无异味,肌肉切面有光泽。次鲜鱼肌肉稍呈松散,指压后凹陷恢复得较慢,稍有腥臭味,肌肉切面有光泽。腐坏鱼肌肉松散,易与鱼骨分离,指压时形成的凹陷不能恢复,或手指可将鱼肉刺穿。

(5)看鱼腹。新鲜鱼腹部正常、不膨胀,肛孔白色、凹陷。次鲜鱼腹部膨胀不明显,肛门稍突出。腐坏鱼腹部膨胀、变软或破裂,表面呈暗灰色或有淡绿色斑点,肛门突出或破裂。

2. 冰鲜水产比活水产安全

鲜鱼在常温下的高密度运输中,存活时间是8小时。很多商家为了延长鱼的存活时间就会选择添加孔雀石绿。孔雀石绿是种工业染料,杀菌效果好又便宜,但对人体有致癌危害。所以最好吃本地的鱼,越近越好。

但这并不代表本地鱼就是安全的。除运输环节外,一些储放活鱼的鱼池或酒店为了延长鱼的存活时间,也会用孔雀石绿进行消毒。目前没有明确证据表明孔雀石绿是人类致癌物,只能算潜在的隐患。从安全角度说,买冰鲜水产比活得更好。冰鲜鱼一般捕捞后就直接加冰保存,避免了运输途中死亡或发病,更安全。

3. 超市冰鲜海产品的选购

近几年来,超市内的水产品琳琅满目,有鲜活的、现杀的、冰鲜的。绝大部分海产品类都是冰鲜的,冰保鲜也有期限,但货架上大多没有明确标明保质期,有些消费者选购时较粗心,随手挑选,回家一看才发现鲜度有问题,类似这种情况发生率较多,增加了不必要的麻烦。所以在超市选购冰鲜鱼时,要做到:

一看。看鱼体外表光亮，完整性好否，看鱼鳃是否鲜红。

二摸。触摸鱼体是否有弹性，鱼肚是否有破裂，鱼鳞是否很容易剥落。

三嗅。是否有一种新鲜的感觉，鱼腥味较重或有异味的海产品鲜度往往有问题。

4. 怎样辨别“注胶虾”

被注了明胶的虾颜色非常清亮，个头也很大，摸起来虾肉也比较紧实，但等清洗的时候会发现，虾头特别鼓而且容易剥离，虾头内有明显的半透明果冻样的物体，就像胶水一样。鉴于我国目前对“注胶虾”还没有统一的检测标准和方法，为有效防范“注胶虾”问题，同时避免买到质量差、不安全的虾，建议在挑选鲜虾或者冰鲜虾时应该要“一看、二摸、三闻”。

一看。首先要看外形，新鲜的虾头尾与身体紧密相连，虾身有一定的弯曲度。如发现在虾头与身体相连处有胶体类透明异物，可以进一步进行鉴别。采取加热或水煮等方法，可以鉴别虾中是否有非法添加物。如用水煮后，胶体溶解到热水中，虾头和身体分离，可基本确定是“注胶虾”。

二摸。新鲜的虾摸起来手感饱满，肉质坚实有弹性。如果摸上去虾体松松软软的没有弹性，就不新鲜了。“注胶虾”在头和虾身之间可以摸到有些黏性的透明胶状物。

三闻。新鲜虾有点正常的虾腥气，没有异常的气味。死亡时间长的虾一闻就有一股氨的臭味，氨味越大越不新鲜，尤其在加热后更明显。还有一些虾是近海养殖的，打捞时受到渔船的柴油污染，闻起来会有柴油味，也不要购买。

第八章　外出就餐安全

提防餐厅中的劣质食品

1. 识别垃圾茶

餐馆里的免费茶水多数都是垃圾茶，尽量不要喝。要么多掏钱喝收费的茶，或者让店家提供白开水。所以，要学会辨别“垃圾茶”。

(1)看茶汤的颜色。正规茶泡出来的茶汤透明、澄清，颜色鲜亮。垃圾茶的茶汤则混浊、暗淡。

(2)闻香味。“垃圾茶”里添加的香精入水后挥发得很快，用水一烫香味就没了。

(3)看外形。“垃圾茶”匀整度差，有细末、叶梗和灰尘。

(4)观察茶底。茶叶冲泡后，倒掉茶汤，看茶叶有无异味、色泽绿不绿。如果有异味，色泽不绿，则有“垃圾茶”的嫌疑，不要饮用。

2. 小心陈化米饭

如果餐馆里的米饭吃起来口感不佳，就要小心了，极有可能是陈化米或者质量不好的米。

所谓陈化米，简单地说就是品质极次、变质的大米。按规定，陈化粮可以卖给酿造、饲料等工业用粮大户，但绝不允许直接作为粮食销售。因为其中所含的黄曲霉毒素是目前发现的最强的化学致癌物，试验表明，其致癌所需时间最短仅为 24 周。但是目前的现实情况是，一部分陈化米没有经过任何处理就在一些粮食市场里公开出售，而另外一部分陈化米经过简单翻新后又被当作新米出售。

有一段时间，陈化粮也被称为“民工粮”“学生粮”，因为它们被黑心商人卖给工地或学生食堂，最终成为外来务工人员、学生的盘中餐。在一些小饭馆，陈化米饭也同样存在。

一般来说，商家用劣质米造假有三种方法：一是在质量较好的大米中掺入少量陈化米，二是直接用陈米，三是使用抛光打蜡的劣质米。第一种方法煮出来的米饭口感与新大米煮出来的米饭差不多。后两种米煮出来的米饭很松散，口感非常差，缺乏黏性，没味道，看起来有点淡黄色或者很糙。

了解用餐常识

1. 吃火锅注意事项

(1)火锅底火务必要旺，以保持锅内汤汁滚沸为佳。

(2)贝类应选择鲜活的，死的贝类含大量致病微生物，不能食用。

(3)生熟食物要分开盛放，使用两套餐具分别来处理生和熟的食物，避免在桌上摆放过多食物，防止交叉污染。

(4)添水或汤汁后，应待锅内汤汁再次煮沸后方可继续食用。

(5)不要或尽量少喝火锅汤。

2. 吃烧烤注意事项

(1)生熟食物器具要分开。

(2)食物烧烤要充分。

(3)烧烤时要避免食品直接接触火焰。

(4)燃料应充分燃烧。

3. 吃盒饭注意事项

(1)不食用无资质单位生产的盒饭。

(2)不食用含有凉拌菜、改刀熟食、生食水产品等品种的盒饭。

(3)冷藏的盒饭其包装盒上应标有加工时间和保质期限,消费者应注意识别,不食用过期盒饭。

避开常见食品危害因素

1. 避开食品添加剂

(1)少点颜色鲜艳的菜。它们都可能添加了过量色素。

(2)别一味追求好口感。过于筋道的鱼丸、肉丸中可能有高弹素,口感与原材料不相符的,可能就有问题。

(3)清淡的菜原料更新鲜。清淡的菜很容易看出原料的新鲜程度。鱼香肉丝、宫保鸡丁、红烧肉等容易加色素的菜,最好看它盘底的油是否清晰透明,用了色素的菜盘底油很浑浊,肉丝、青椒等也会被染成橙红色。

(4)火锅底别选透亮的。正常情况下熬制的火锅底应该略微浑浊,如果透亮,而且香味刺鼻,就说明加了辣椒精和香味剂。

(5)多点蔬菜汤。相对于排骨汤、鸡汤这些肉汤来说,蔬菜汤无论是原料还是调料都更安全一些,荤素搭配,营养也更均衡。

2. 避开地沟油

对于经常下馆子的人来说,如何辨识地沟油,让自己吃得放心，成了重要的话题。外出用餐时，如果实在担心，可以按菜谱点菜，把地沟油对身体的伤害减少到最低。

最容易使用地沟油的菜：扣肉、蒜香骨、牛仔骨、烧鹅、炒面及川菜、湘菜中红油水煮系列、油炸类食品（如炸鸡、汉堡）、烤鸭等。

比较安全的菜：所有蒸煮类菜式、鱼肉等相对安全，其中最安全的菜：蒸鱼、鱼汤、盐水青菜、清蒸河鲜、海鲜、煲汤类、起酥类点心以及凉拌菜等。

少吃这三样菜

1. 少吃水煮鱼

烹调水煮鱼往往需要大量的油，某些餐馆为了降低成本，可能会在油上做手脚，因此烹调这类菜肴的油即便不属于口水油或地沟油，质量也不会好太多，可能会选择价格低廉的劣质色拉油，也有可能被反复加热利用。反复高温加热会让油脂发生反式异构等变化，可能带来致癌风险。此外，带有干锅、水煮、干煸、香酥等字样的菜肴都容易出现这类问题。

水煮鱼若用活鱼烹调，肉片会微微卷起，肉质有弹性。仔细尝尝菜的口感，就知道油的新鲜度怎么样。新鲜的油是滑爽而容易流动的，即便油多，也绝对不会有油腻的感觉。在水里涮一下，比较容易把油涮掉。

而反复使用的劣质油黏度上升，口感黏腻，吃起来没有清爽感，甚至在热水中都很难涮掉。相比而言，蒸、煮、炖、白灼、凉拌等烹调方式对油脂的品质影响小，而且无须反复加热烹调，不容易带来地沟油的麻烦。

2. 少吃杭椒牛柳

不少人都有这样的疑问，现在有些餐馆的杭椒牛柳肉质特别嫩，软得和豆腐差不多，而自己在家却做不出这样的效果。

这可能是“嫩肉粉”的功劳。嫩肉粉中不但含蛋白酶和淀粉，往往还含亚硝酸盐、小苏打、磷酸盐等配料，个别品种亚硝酸盐含量也可能超标。其中亚硝酸盐能发色、防腐，但有致癌风险，小苏打能破坏肉里面的维生素，而磷酸盐会妨碍钙、铁等多种营养元素的吸收。

粉红色的杭椒牛柳、粉红色的酱牛肉、粉红色的煲排骨，多是因为添加了亚硝酸盐才有个好“卖相”。生牛肉、生猪肉是红色的，加热之后自然变成褐色或淡褐色，而用了亚硝酸盐的肉，做熟之后都是粉红色的，娇艳美丽而且内外颜色均匀。加酱油或红曲也能让熟肉发红，但它们的颜色只在表面上，且颜色比较深。

3. 少吃麻辣小龙虾

近两年，麻辣小龙虾成了餐桌上的“常见客”，却很少有人想到这其中可能存在猫腻——如果菜肴中加入大量的辣椒、花椒和其他各种香辛料，或者加入大量的糖和盐，就会让味蕾受到强烈刺激，很难体会出原料的新鲜度，甚至无法发现原料是否已经有了异味。现在市面上不少麻辣小龙虾就是用不新鲜的冰冻虾做成的，消费者在选择时要特别注意。

不新鲜的虾口感不脆嫩，比较松散，肉块较小，并且肉和壳很容易分开。

打包也有讲究

1. 注意打包餐盒质量

不是所有饭店的打包餐盒都有质量保证。在打包的餐盒中，最安全的是那种透明的塑料盒，因为这种塑料餐盒是纯塑料原料所制。如果盒底有一个三角形里带“5”的符号，三角形下还写有“PP”（聚丙烯缩写），则可以在微波炉内加热。

白色的降解餐盒80%以上是假冒伪劣产品。市场上很多打着“降解”旗号的餐盒其实不安全。如果手摸着餐盒感觉质地较硬，轻轻一撕不裂开，且装食物后不渗漏的就是合格餐盒，反之则是不合格餐盒。

最后，还可将餐盒撕碎了扔水里，如果漂浮起来，则表示该餐盒是纯塑料所制，比重约为0.93左右，小于水的比重，为合格产品。如下沉则表示，该餐盒还添加了石蜡等有害人体健康的物质。这类不合格餐盒如装上含油、酸性大的食物，或在微波炉内加热，会释放很多有害物质。

2. 打包注意事项

（1）打包食品以不隔餐为宜，且最好能在5至6个小时内吃掉。海鲜富含蛋白质，最受各种细菌欢迎，不宜久放。打包回家的富含淀粉的食品如年糕等，容易被葡萄球菌寄生，高温加热下也不容易被杀死和分解。所以富含淀粉的食品最好在4小时内吃完。

（2）蔬菜不宜打包。因为蔬菜富含维生素，而维生素反复加热后会迅速流失。另外，蔬菜中的硝酸盐反复加热后，会生成含量较高的亚硝酸盐，对身体造成危害。凉菜、色拉等也不宜“打包”，因为凉菜在制作过程中没经过加热，很容易染上细菌，而凉菜的做法也不方便重新加热。

(3)打包食品要回锅加热。加热时要使食品的中心温度至少达到70摄氏度。打包的海鲜类加热时间控制在4到5分钟比较合适。肉类和动物类的食品打包回去后再次加热，最好是加上一些醋。此外，汤饭混吃是一种很不科学的饮食搭配。所以，切不可为了省事，将打包回来的食品汤饭混吃。

健康吃烧烤

研究发现，明火烤出来的一块鸡翅、一根羊肉串，至少含有400种以上的致癌物，如苯并芘、四甲苯等，其中危害最大的就是苯并芘。

苯并芘既可以通过烤肉进入消化道，也可以通过烤肉的烟雾进入呼吸道。苯并芘会在体内蓄积，能诱发胃癌、肠癌等癌症。而另一致癌物——杂环胺，在动物实验中可引起乳腺癌、结肠癌等。有相关资料表明，常吃烧烤的女性，患乳腺癌的概率要比不爱吃烧烤食品的女性高出2倍。

此外，肉类烧烤还可能存在因没烤熟而感染寄生虫的风险。而使用亚硝酸盐浸泡，则存在以次充好，把猪肉、马肉等添加羊肉精冒充羊肉等问题。实际上，烧烤的肉类越肥，脂肪越多，产生的致癌物就越多。而烤焦的肉皮所含致癌物要高于肉质。

很多人忍不住嘴瘾，想吃吃，尤其是夏季邀上三五好友，在户外吹着小风吃着烧烤，再喝两口冰镇啤酒，一天的疲劳就在这份闲散中消解了。那么，有什么方法让你烧烤吃得科学健康呢？这就得注意以下几点了。

1. 绿叶菜和水果不能烤

原来一提到烧烤,人们想到的就是烤肉、烤海鲜。但近两年,出现了不少新鲜的吃法,碧绿的菠菜、长长的韭菜、脆甜的苹果……好像什么蔬果都能烤着吃。

但实际上,脆嫩的蔬菜,由于是在炭火上烤,加热时间很难掌握,稍微一长,就容易烤焦,可能比肉类更容易产生致癌物。而且,蔬菜水果的营养价值很大程度上体现在丰富的维生素上,但是过度加热后会使其遭到破坏。

2. 土豆要烤半熟

中国农业大学食品学院副教授范志红告诉《生命时报》记者,烤肉时烤些红薯、土豆、藕,既能养胃,又能增加膳食纤维,有利于平衡矿物质。但要记住,土豆一定要烤到半熟。烤得半熟的土豆片,有清肠的作用。除了土豆,一些果肉厚实的蔬菜也可以烤着吃,如洋葱、青椒、茄子、胡萝卜等,能提供丰富的膳食纤维和矿物质。

3. 海鲜类必须烤久些

碳烤生耗、烤扇贝是目前最流行的海鲜烧烤吃法,但其最不安全的地方就是“外熟里生”。海鲜中带有副溶血性弧菌等致病菌,耐热性较强,80℃以上才能杀灭,有些还可能存在寄生虫卵。一般,蒸煮海鲜最安全。若非要吃烤海鲜,应尽量烤得久些。吃时最好搭配蒜和芥末,有杀菌作用。

4. 烤肉用菜卷着吃

用生的绿叶菜裹着烤肉吃,能大大降低致癌物的毒性。或用甘蓝、西兰花、菜花等十字花科拌个凉菜,是加速排出致癌物质的“解毒酶”。吃烤肉最好配上大麦茶或绿茶，最好是温热的，能解腻、保护肠胃，避免冷热交替刺激。最好不要边烤边刷酱，以免摄入太多盐，肉类可先腌再烤，或是把烤肉酱加水稀释后涂抹在食材上。

5. 烧烤后多吃梨和番茄

很多人不敢吃烧烤是因为烧烤时容易产生致癌物质，不管怎么说烧烤还是不能多吃，女人吃烧烤容易缺水，容易长皱纹。但是如果实在管不住自己的嘴巴怎么办呢？

韩国汉城大学医学院的研究小组发表报告指出，吃烤肉后在体内聚集的致癌物多环芳烃，在吃梨后会显著降低。因此，饭后吃个梨，可把积存在体内的致癌物质大量排出。另外，番茄中含有丰富的番茄红素，番茄红素有很强的抗氧化能力和阻断致癌物质合成的能力。番茄和其他水果中含有的维生素 C 也有阻断体内亚硝胺合成的能力。所以吃了烧烤以后，一定要多吃梨和番茄。

准妈妈外出就餐注意事项

1. 吃西餐的注意事项

(1)第一道菜避免吃生的鱼和海鲜，例如生鱼片或牡蛎等，应该选择烹调过的鱼和虾。

(2)主菜最好选择煮熟的鱼和肉，牛排也要十分熟的，不能吃半生不熟的。有一些调料里也有可能含有不适合准妈妈食用的成分，也一定要问清楚。

(3)餐后甜点蛋奶酥(一种松软的烤制点心，用蛋黄以及打稠的蛋白再加上其他各种不同的配料制成，用作一道主菜或者加甜之后用作甜点心）、慕思（食品）可能含有生鸡蛋。提拉米苏（点心）配料里有生的蛋白。自制的冰淇淋可能含有生鸡蛋，所以都要小心选择。奶油焦糖布丁则是比较安全的。

（4）如果一定要喝酒，可以选择喝一小杯葡萄酒。尽量避免选择含有咖啡因的饮料，如果想喝咖啡，可以喝无咖啡因的。不过，对于准妈妈来说最好的选择是薄荷茶，对消化也很有好处。

2. 吃粤菜的注意事项

甲鱼、螃蟹等生猛海鲜味道鲜美，但具有较强的活血化瘀的功效，尤其是蟹爪、甲鱼壳，如果在孕早期食用，很容易导致流产，应尽量不要食用。海洋鱼类（尤其是大马哈鱼、金枪鱼、沙丁鱼和鲱鱼）中 Ω-3 脂肪酸的含量较丰富，对准妈妈的情绪和孩子的神经发育都非常有好处，但海鱼体内有可能会含有汞，因此，一定不要吃太多，适量即可。

3. 吃川菜的注意事项

火锅涮肉时一定要把肉放在开水里多涮一会儿。等到肉熟透了再吃。防止生肉里含有弓形虫的幼虫，食用后受到感染。辣是川菜最突出的特点。不过，单从食物本身的辣来讲，对准妈妈的身体是没有影响的。需要担心的是，准妈妈在孕期很容易发生便秘，辣可能会加重便秘的程度。因此，建议准妈妈还是要少吃辣。

4. 吃韩餐的注意事项

中医认为准妈妈乱用人参可能会产生很严重的后果，如产生或加重妊娠呕吐、水肿和高血压，也有可能会造成流产，因此，不要经常食用用人参做原料的汤和炖鸡等。韩式的石锅拌饭一般都会加一个不十分熟的煎蛋,如果你很喜欢吃石锅拌饭,最好交代厨师把蛋煎熟。

5. 吃日餐的注意事项

生鱼片和含有鱼子或生鱼片的寿司都要避免食用。另外,海鱼要定量摄入,不能吃太多。酱汤本身对准妈妈身体是没有影响的,但酱汤一定要控制盐放入的量,不能太咸。

6. 这些食物准妈妈应少吃

(1)油条。油条是许多家庭早餐桌上的常见食品,但孕妇应少吃。主要由于油条的制作中需加入明矾,明矾是含铝的无机物,每 500 克面粉的油条,大约用 15 克明矾。如果孕妇每天吃两根油条,等于吃了 3 克明矾,积累起来其摄入量相当惊人。这些铝可能会通过胎盘侵入胎儿的大脑,造成大脑障碍。

(2)糖精。糖精是和糖截然不同的两种物质。糖是从甘蔗和甜菜中提取的。糖精是从煤焦油里提炼出来的,其成分主要是糖精钠,无营养价值。纯净的糖精对人体无害,但孕妇不应长时间过多地食用糖精,或大量饮用含糖精的饮料。糖精对胃肠道黏膜很有刺激作用,并影响某些消化酶的功能。食用过量糖精会出现消化功能减退,发生消化不良,造成营养吸收功能障碍,由于糖精是经肾脏从小便排出,所以还会加重肾功能负担。

(3)热性香料。八角茴香、小茴香、花椒、辣椒粉、桂皮、胡椒、五香粉等调味品,孕妇在孕期应少用或不用。孕妇怀孕时肠道较干燥,热性香料性热有刺激性,易造成肠道枯燥、便秘或粪石梗阻。

(4)盐。孕妇每天进食氯化钠不能超过 20 克。过多进食氯化钠后易引起水肿、血压升高。如果孕妇患有某些疾病,如心脏病、肾脏病等,应从妊娠开始就忌盐或食低钠盐。如发现孕妇患有妊娠高血压，也应忌盐。孕妇应逐渐习惯低盐饮食。

(5)酸性食物。由于妊娠早期的妊娠反应，一般孕妇都喜欢吃一些酸性食物，认为酸性食物能缓解孕期呕吐，甚至有些人还滥用一些酸性药物止呕。其实，孕期多吃酸性食物并不好。近年来的科学研究证明，酸性食物和酸性药物是造成畸胎的元凶之一。在妊娠的最初半个月左右，最好不食或少食酸性食物或酸性药物。

(6)咸鱼。咸鱼含有大量二甲基硝酸盐，进入人体内能被转化为致癌性很高的二甲基硝胺，并可通过胎盘作用于胎儿，其危害很大。

第九章　家庭饮食安全

菜板消毒的几个简易方法

使用7天的菜板表面每平方厘米病菌多达20万个，对人们的健康是一个很大的威胁，因而使用的菜板要经常消毒。

(1)洗烫消毒法。先用硬刷和清水将菜板表面和缝隙洗刷干净，然后再用100℃的开水冲洗一遍。

(2)阳光消毒法。菜板不用时应放到太阳底下曝晒，这样不仅可以杀死细菌，而且可使菜板干燥，减少病菌繁殖。

(3)撒盐消毒法。每次使用菜板后，都要用刀将板面的残渣刮净，每隔6～7天在板面上撒一层盐，这样既可杀菌，又可防止菜板干裂。

(4)葱姜消毒。菜板用久了，会产生怪味。用生葱或生姜将菜板擦遍，然后一边用热水冲，一边用刷子刷洗，怪味就会消失。

(5)醋消毒。切过鱼的菜板，只要洒上点醋，放在阳光下晒干，然后用清水冲刷，就不会有腥味。

不管采用哪种消毒方法，都应先把菜板洗净，才能取得最佳效果。

厨房器具选购

1. 陶瓷餐具挑选

陶瓷餐具最好购买釉下彩、釉中彩和白瓷制品。陶瓷的画面装饰，大致可分釉上彩、釉中彩、釉下彩和白瓷等几种工艺。其中釉上彩陶瓷是最容易出现铅溶出现象的。所谓釉上彩，顾名思义，是用含铅颜料制成的花纸贴在釉面上，经过700℃～850℃高温烧烤而成。当食物与画面接触时，铅就可能被食物中的有机酸渗解出来。当然，釉上彩如果设计合理，烧烤工艺得当，是可以避免超铅的。但是，在无法确定制造工艺是否得当的情况下，还是选择更安全的为好。

如何辨别釉上彩陶瓷呢？较容易的方法是目测和手摸——凡画面不及釉面光亮，手感欠平滑甚至画面边缘有凸起感的千万要慎购。更可靠的方法是要求经销商或生产企业提供该产品的质量检验报告，这比肉眼观察要保险得多。

2. 注意用锅安全

厨房中的锅一般家庭用锅以铁锅为主，有很多好处，如铁锅炒菜能增加铁质，但铁锅如果用来煮制酸性食物则会引起铁中毒。我国曾发生过某幼儿园用铁锅煮山楂给幼儿食用造成幼儿集体铁中毒的事件。

同样，铝锅也不能来烧煮酸性食物，否则溶出过多的铝也会对人体造成伤害。老年性痴呆病与人体铝摄入过量有关。

新砂锅应在使用前用4%的食醋水浸泡后再煮沸，以去掉有害物质。

劣质的搪瓷锅会有有害的铅和镉，应慎重购买。

3. 正确使用塑料器皿

塑化剂大部分情况是经由食物进入人体，我们可以修正生活习惯，譬如在选择食品容器时，应当避免使用塑料材质，改以高质量的不锈钢、玻璃、陶瓷器为主。

尽量避免食物与塑料容器的长时间接触或浸泡，降低塑化剂溶出的机会。

保存食品经常会使用到的保鲜膜，宜选择完全不添加塑化剂的PE、PVDC材质，并避免高温加热。必需加热有保鲜膜之食材时，则可在保鲜膜上戳数个小洞，让气体可以释出，在包覆时也要避免直接接触到食物。

怎样加工食品更安全

1. 彻底加热食物

适当烹调可杀死几乎所有的危险细菌。研究表明，烹调食物达到70℃有助于确保安全食用。需要特别注意的食物包括：肉末、烤肉、大块的肉和整只的禽。整块肉的中心部分往往不滋生细菌，大多数细菌是在肉的外表面。但是，对肉末、烤肉或禽来说，它们的内外部分都有细菌。因此，我们应彻底煮熟食物，尤其是肉、禽、蛋和海产品。在制备汤或炖菜（煲）时要煮沸，确保温度达到70℃。煮肉和禽类食物时，确保汁水是清的，而不是淡红色。最好使用食物温度计来测量温度。熟食二次加热时，要彻底热透。

2. 所有环节保持生熟分开

生的食物，特别是肉类、禽、海产品及其汁水，可能含有病菌，在备制和存放食物时可能会污染其他食物。因此，生熟分开不仅仅是在烹饪过程中，而是在整个食物备制过程的所有环节，包括宰杀过程，都应保持生熟分开。所以，这一环节我们应当注意：

（1）购物时，保持生的肉、禽和海产品等食品与其他食品分开。

（2）在冰箱中，生的肉、禽和海产品应存放在熟食或即食食物的下面，以免交叉污染。

（3）食物应存放在带盖的器皿中，避免生熟食物相互接触。

浸泡过生肉的水不要溅到烹饪过的食品或即食食物上。

(4)清洗盛过生食物的盘子,用干净盘子盛放熟食。

3. 安全准备凉拌蔬菜

凉拌蔬菜的时候,不妨加入蒜泥和柠檬汁,这样有助于提高安全性。因为大蒜素能降低亚硝酸盐的含量,而蒜汁中的有机硫化物、柠檬汁中的维生素C和其他还原性物质能够阻断亚硝胺的合成。同样道理,在腌制蔬菜时,放入葱、姜、蒜、辣椒汁都更安全。大白菜可以久放,对于大白菜来说,储藏多日之后,其中的硝酸盐和亚硝酸盐含量反而有所下降。这可能是因为储藏过程中营养损耗而转化为其他含氮物的原因。

正确储存食物

1. 在安全的温度下保存食物

如果在室温下存放食物,细菌可以(可能会)迅速繁殖。冷藏或冷冻食品不能杀死细菌,但能限制其繁殖。把温度保持在5℃以下或60℃以上,可使细菌生长繁殖速度减慢或停止。防止细菌滋生,应做到:

(1)剩饭菜应及时冷却并存放。其快速冷却方法:将食物放在敞口盘中;大块肉切成小块;食物放入冷而干净的器皿中。

(2)每次备制适量食物,以免剩下饭菜。

(3)不要在冰箱中存放剩饭菜超过3天,重复加热最好不超过一次。可在盛剩菜的器皿上贴标签,显示存放的时间。

(4)食物化冻应在冰箱中或冷的环境下进行。

(5)微波炉可用来解冻食品,但会留下细菌生长的暖点。解冻之后应立刻烹饪。

2. 避免储藏不当产生各种毒素

（1）不要用塑料桶长期存放食用油，塑料中的各种高分子物质由于和油脂长期接触，会使化学物质溶出，危害人体，因此，要选用玻璃、陶瓷或搪瓷容器盛油。

（2）食用油的储存不宜超过一年，因为油脂容易发生酸化，储存时间越长，酸化越严重，产生的醛类和酮类物质也越多，且影响观感，人食用后常会出现胃部不适、恶心、呕吐等症状。

（3）不要用不锈钢容器存放盐、酱油、醋。不锈钢和其他金属一样，容易和电解质发生化学反应，长期存放时，容易发生化学反应，有毒金属元素溶出，使人中毒。

3. 小心冰箱成为细菌的温床

冰箱使用不当不仅会成为滋生细菌的温床，会导致各种食源性疾病。因此，冰箱内存放的食物要尽快吃完，冷冻食品进食前要加热。将冰箱塞的过满会导致冰箱内温度不均和霜状物的形成，而去掉食品外的大包装袋，会增加食品间的相互接触和弄脏食品。要分开包装不同的食品，以避免食品的细菌交叉感染。至少每3个月，将整个冰箱进行消毒除霜和清洗一次。

正确的肉类贮存和加工方法

1. 肉类贮存方法

现代家庭中一般采用冰箱来贮存肉类，但低温下许多微生物仍然有存活的可能，因此保存时间也不宜过长，一般家畜肉在

1℃～－1℃可保存10～20天，－10℃～－18℃可保存时间较长，一般1～2个月。购买后可将肉分装成若干份保存在冷冻室内，每次取出一份食用，这样可避免冰箱门反复开启及肉的反复解冻和冻结。建议冷藏室温度不低于4℃，冷冻室不低于－17.5℃。

2. 肉类解冻方法

解冻原料微生物污染同样存在于解冻的食品原料中。例如冻肉，如采取自然解冻则应在4℃以下进行，但时间稍长。微波解冻是较好的方式之一，时间短，避免了夏季可能发生的外表解冻已完毕且温度已高，而内部尚未解冻的状况，但这种状况极易造成微生物污染。使解冻原料不够新鲜。

3. 肉类烹调方法

由于未煮熟的肉中可能含有寄生虫和细菌，因此肉应彻底煮熟煮透方可食用，特别是在吃火锅时。肉制品类熟食最好当天购买当天吃完，一顿吃剩的肉类菜肴如红烧肉、咖喱鸡等必须放入冰箱，吃前重新加热。

腌制的肉制品在食用前，也应注意加热至少半小时以上，因为有些细菌如沙门氏菌，能在含盐量10％～15％的肉类中存活好几个月，且只有用沸水煮30分钟方能将其全部杀死。

千万要注意的是，肉类有轻度异味或发生变质后，不能加热一下再吃，因为有些细菌是耐高温的，且细菌产生的毒素也并不能被加热所破坏。要注意生熟分开，避免交叉感染。

安全食用水产品

在营养方面，海产品和淡水产品都属于优质蛋白质，易为人体消化吸收，比较适合病人、老年人和儿童食用，且脂肪含量低。水产品食用前一定要洗净。鱼类要去净鳞、鳃及内脏。煮食贝类前，应用清水将外壳洗擦干净，并在清水中浸养 7～8 个小时。煮食虾前，要清洗并挑去虾线等脏物。平时吃水产品时记住“三不”和“三看”原则。

1. 吃水产的“三不”原则

（1）不重复。海产品和淡水产品最好轮换着吃，而且应挑选不同种类的水产品。一星期内不重复吃同一种水产品。

（2）不过量。每星期吃水产品保持在 3 次左右。每次吃水产品不要过量。成人每人每次不超过 120 克。孕妇吃水产品（无法保证其安全性的）每星期不要超过 190 克。外出旅游吃当地水产品每星期不要超过 190 克。

（3）不生食。无论是海产品还是淡水产品都要避免生食。螃蟹、海螺等有硬壳的完整水产品，一般需煮或蒸 30 分钟才可食用。

2. 吃水产的“三看”原则

（1）看品种。水产品重金属含量一般趋势为，肉食性鱼＞杂食性鱼＞草食性鱼，因此吃鱼要看品种，避免吃大型的肉食性鱼类，少吃鲨鱼、帝王蟹、黑鱼等。水产品的重金属富集部位为，内脏＞头部＞肌肉。因此不要吃鱼头、虾头，也不要吃内脏。

（2）看生熟。一般来说，不管海产品还是淡水产品，熟加工的肯定要比生食的安全，尤其是生的淡水鱼虾及螺类千万不能食用，接触生的淡水鱼虾及螺类后要洗手。一般腌制的盐水或醉制的酒精浓度都不足以杀灭嗜盐菌和寄生虫，因此不要吃醉活虾等淡水产品，尽量少吃咸炝蟹等海产品。生鱼片近年来吃的人越来越多，但是它对原料的新鲜卫生和加工储藏的安全卫生等要求特别高，一旦一个环节出问题，安全就没保证。

(3)看季节。夏季是食用海产品的高危时期，特别要防范生物危害引起的食物中毒。冬春季吃海鲜较安全，最好吃水质好、赤潮少的地区出产的海鲜。春季是河豚产卵季节，也是食用河豚中毒的高危险期。

3. 健康吃水产

(1)少吃青蛙和黄鳝。青蛙吃害虫，而害虫以植物为食，生物链的放大作用使青蛙体内的农药水平会超过蔬菜等农作物。即使它的农药含量达不到伤害人体的水平，也不建议食用。因为如果青蛙被大量捕杀，会破坏周边农村的生态环境，增加害虫数量，间接导致要加大农药使用量，造成食物中的农药残留量更高。在水产养殖过程中，部分不法商贩会使用避孕药使黄鳝变为同一性别，以增大养殖密度，避免繁殖带来的消耗，使水产品的体积变大、重量增加。除黄鳝外，在罗非鱼和虾的养殖过程中也有添加性激素的现象。

(2)黄鳝要吃活的。黄鳝在民间有“小暑黄鳝赛人参”之说，当今人们普遍爱吃黄鳝。但是有一点要注意，鳝鱼只能吃鲜的，现宰杀现烹调，切忌吃死黄鳝鱼。因为黄鳝鱼死后，体内所含的组氨酸会很快转变为具有毒性的组氨，人们食后会引起食物中毒。黄鳝的血清中含有毒素，如果人们的手指上有伤口，一旦接触到鳝鱼血，会使伤口发炎、化脓。

(3)少吃贝类。贝类大部分以江河湖海中的水和泥沙中的浮游动植物为食，而重金属就沉在泥沙里，常吃贝类会吃进不少重金属。在加工过程中，贝类很难达到食品安全要求的温度，容易导致腹泻。因此最好不要长期、大量食用贝类食物，如果只是偶尔吃一些，也无须太担心重金属中毒的问题。此外，贝类一定要加热至全熟，最好采用蒸、煮的方法。如用“炒”加工，一定要炒至贝壳全部“开口”，不能自然开口的最好别吃。

(4)死甲鱼不能吃。由于甲鱼肉质细嫩，滋味肥厚，营养丰富，被视作滋补佳品。但是，死甲鱼不能吃。因为甲鱼肉含有较多的组氨酸，组氨酸是具有特殊鲜味的重要成分，它分解后可以产生组胺。组胺是一种强烈的直管扩张剂，它可以引起一系列过敏物质的释放，浓度过高时，可以引起人体虚脱、休克等症状。死后的甲鱼肉能自行分解产生组氨，人吃了死甲鱼，就会引起食物中毒。

养成良好的饮食习惯

1. 少吃腌制食品

尽量少吃咸肉、咸鱼、咸蛋、咸菜等腌制食品。如要自己腌制，注意时间、温度以及食盐的用量。温度过高，食盐浓度在10％～15％时，还有少数细菌生长；当浓度超过20％时，一般微生物都会停止生长；腌制时间短，易造成细菌大量繁殖，亚硝酸盐含量增加。

那么，腌菜时到底什么时候亚硝酸盐浓度最高？不同研究其结论各异，有个相同的结论是：亚硝酸盐含量随着腌制时间有一个由低到高、达到峰值后又下降的变化。以5％～6％盐量腌大白菜为例，腌制4天时，亚硝酸盐含量最高，5天后亚硝酸盐含量开始下降,10 天后到低值。

所以,腌大白菜宜在腌制 15 天后,确认腌透了再食用。一般至少要到 15 天,最好在 30 天后食用。

2. 少喝乳饮料

含乳饮料是以水、牛奶为基本原料,加入其他风味辅料,如咖啡、可可、果汁等,再进行调色、调香制成的饮用牛乳。一般牛奶的蛋白质含量要求不低于 2.8%,而国家规定含乳饮料的蛋白质含量为≥0.7%和≥1.0%不等,所以含乳饮料从营养上来说不如牛奶。过香、过浓的牛奶有可能放了添加剂,“无添加”的牛奶有一股淡淡的奶味,颜色为乳白色或淡乳黄色,有少许透明感。买酸奶的时候注意一下标签,要买配料表里没有“复原乳、奶粉”字样的。“复原乳”或“奶粉”制作的酸奶,营养要比鲜牛奶制作的酸奶差一些。

3. 点心最好买不带奶油的

天然奶油比人造奶油价格贵好几倍,所以在糕点制作中使用人造奶油的现象比较普遍。人造奶油中含有大量的反式脂肪酸,长期大量食用会增加心脑血管疾病和糖尿病的患病危险,甚至阻碍儿童智力发育,诱发老年痴呆。因此,应该少吃含有人造奶油的糕点。要吃奶油的话,就去买用天然奶油制作的点心。

4. 功能饮料不能随便喝

功能饮料是一种特殊饮料,无论在生产上,还是产品成分的组成方面,都与普通饮料有着很大区别。它不像普通饮品随时随地都可以饮用,而应该是特定的适宜人群或者是在特定条件下才可饮用的。

例如,补充能量的饮料不适合儿童;运动饮料适合在强烈运动、人体大量流汗后饮用，其中的电解质和维生素可以迅速补充人体机能，但这类饮料并不适合在未运动的情况下饮用；维生素类饮料，由于其中所含维生素是水溶性的，便于人体吸收和排出，因此适宜于多数人群。

合格的功能饮料产品会明确标注饮用说明，消费者在购买时一定要注意弄清楚自己是否适合。

减少亚硝胺的危害

1. 隔夜菜要少吃

所谓隔夜菜是指烧熟后在常温或5℃下存放10小时以上的蔬菜。隔夜菜可能会产生致癌物亚硝酸盐，这句话是大错特错的。因为亚硝酸盐不是致癌物，亚硝胺才是致癌物。到目前为止，还没有吃隔夜菜与癌症相关性的病例研究报告，连动物试验也没做过。当然，这并不是说隔夜菜没问题，隔夜菜中亚硝酸盐含量高于刚做好的菜，而且室温越高，放得越久，亚硝酸盐的含量就越高。亚硝酸盐在体内可转化成致癌物亚硝胺，所以隔夜菜还是少吃为好。

2. 抑制亚硝胺生成的食物多吃点

亚硝胺具有较强的致癌作用，我们平时就要注意多食用抑制亚硝胺形成的食物。如，大蒜中的大蒜素可抑制胃中的硝酸盐还原菌，使胃内的亚硝酸盐含量明显降低；茶叶中的茶多酚能够阻断亚硝胺的形成。有研究指出，每天从膳食中摄入360毫克硝酸盐的同时，摄入120毫克抗坏血酸，体内形成的亚硝胺会大幅减少。从正常膳食的蔬菜摄入亚硝酸盐的同时，摄入其他生物活性物质(如抗氧化剂及维生素 C),产生的亚硝胺可减少一半。

3. 减少蔬菜的硝酸盐含量

很多人为了去除农药残留,喜欢把蔬菜放在水中浸泡很长时间。这一方法其实并不安全。研究显示,长时间浸泡蔬菜会增加蔬菜中的亚硝酸盐含量,而且会使蔬菜的营养成分流失。更好的办法是,用沸水焯烫 2～3 分钟,并在食用前将水倒掉,硝酸盐含量会显著减少。

4. 蔬菜要尽量新鲜

刚刚采收的新鲜蔬菜中,亚硝酸盐含量微乎其微。在室温下储 1～3 天后,亚硝酸盐含量达到高峰;在冷藏条件下,3～5 天可达到高峰。所以,刚买的新鲜蔬菜尤其是绿叶蔬菜,如果没有马上吃,而是放了两三天再吃,其中的亚硝酸盐很有可能升高。所以,我们要尽可能吃最新鲜的蔬菜。最好当天买菜当天吃,不要放几天再吃,哪怕是放在冰箱里。腐烂变质的蔬菜千万不能吃。

正确的蔬果清洗方法

1. 蔬菜清洗方法

常用的清洗方式大多采用浸泡法,但不同的蔬菜清洗方法也不一样。

(1)清洗茄子、青椒和水果等,它们表面都含有一层蜡质,如清洗后再用水长时间浸泡,会使残留的农药渗进果肉中,因此,茄子、苹果、草莓等果蔬,最好采用流动的水冲洗。

(2)叶类蔬菜直接浸泡,就能减少农药残留。

(3)采用短时间日光射晒的方法,也能减少农药残留,据测定,鲜菜、水果在阳光下照射5分钟,就能使有机氯、有机汞农药残留减少60%。

(4)农药有两个部分:一个是亲水,还有一个是亲脂。一般清洗只能去掉亲水的部分农药残留,亲脂的部分农药残留不会被水洗。因此在清洗蔬菜的时候,加一至两滴食用洗洁精,浸泡三到五分钟,多过清水1~2次,就可以去除亲脂部分的农药残留。经这样清洗的蔬菜几乎能把农药残留物全部清洗掉,有利于身体健康。

(5)但用盐水浸泡蔬菜是不可取的。尤其对于娇嫩的绿叶菜,盐水会破坏菜叶的细胞膜,不仅损失营养,还可能让农药残留进入菜中。

2. 水果清洗方法

(1)食用前浸泡清洗。在食用水果之前要尽可能将水果清洗,通过表面清洗能有效减少农药残留。可以选择水果专用洗涤剂或添加少量的食用碱浸泡,然后用清水冲洗数次。

(2)要削皮。农药残留主要集中在水果的表皮,由于很多农药不溶于水,简单浸泡还不能解决农药残留,食用之前尽可能要削皮以去除水果表皮中的农药残留。

如何去除蔬菜中的毒素

1. 鲜芸豆

鲜芸豆又名四季豆、刀豆。鲜芸豆中含皂甙和血球凝集素,前者存于豆荚表皮,后者存于豆中。食生或半生不熟都易中毒。芸豆中的有毒物质易溶于水中且不耐高温,熟透无毒。

2. 鲜扁豆

特别是经过霜打的鲜扁豆,含有大量的皂甙和血球凝集素。食前应加处理,沸水焯透或热油煸,直至变色熟透,方可食用。

3. 鲜木耳

鲜木耳含有一种啉类光感物质。人食后,这种物质会随血液分布到人体表皮细胞中,受太阳照射后,可引发日光性皮炎,暴露皮肤易出现疼痒、水肿、疼痛,甚至发生局部坏死。这种物质还易被咽喉黏膜吸收,导致咽喉水肿。多食严重者,还会引起呼吸困难,甚至危及生命。而晒干后的木耳无毒。

4. 鲜黄花菜

鲜黄花菜中含有一种叫秋水仙碱的有毒物质,食入后被胃酸氧脂成二氧秋水仙碱。成人一次吃 50～100 克未经处理的鲜黄花菜便可中毒。但秋水仙碱易溶于水。遇热易分解,所以食前沸水焯过,清水中浸泡 1～2 小时,就可解毒。晒干的黄花菜无毒,可放心食用。

5. 未腌透的咸菜

萝卜、雪里蕻、白菜等蔬菜中,含有一定数量的无毒硝酸盐。腌菜时由于温度渐高,放盐不足 10%,腌制时间又不到 8 天,造成细菌大量繁殖,使无毒的硝酸盐还原成有毒的亚硝酸盐。但咸菜腌制 9 天后,亚硝酸盐开始下降,15 天以后则安全无毒。

6. 青西红柿

未成熟的青西红柿中含有大量的生物碱，可被胃酸水解成番茄次碱，多食会出现恶心、呕吐等中毒症状。

7. 久存南瓜

南瓜瓣含糖量较高，经久贮，瓜瓣自然进行无氧酵解，产生酒精，人食用经过化学变化了的南瓜会引起中毒。食用久贮南瓜时，要细心检查，散发有酒精味或已腐烂的切勿食用。